普通高等教育“十三五”规划教材

大学物理实验

（第三版）（下册）

主　　编　朱泉水
副主编　黄　彦　陈凤英

科学出版社
北　京

内 容 简 介

本书是在《大学物理实验(第二版)》基础上，根据《理工科类大学物理课程教学基本要求》，按照21世纪人才培养模式的需要和课程体系、教学内容改革的要求编写而成的. 全书分为上、下两册，上册包括力、热、电磁等基础实验和部分综合设计性实验；下册包括力、热等综合性实验以及电、磁和近代物理等设计性和研究性实验. 与本书配套的还有《大学物理实验(第三版)》电子教案.

本书可作为高等工科学校各专业和其他类院校非物理类专业本、专科学生的大学物理教材，也可用作成人教育的大学物理教材和教学参考书.

图书在版编目(CIP)数据

大学物理实验. 下册 / 朱泉水主编. —3版. —北京：科学出版社，2017.1
普通高等教育“十三五”规划教材
ISBN 978-7-03-050992-5

Ⅰ. ①大… Ⅱ. ①朱… Ⅲ. ①物理学-实验-高等学校-教材 Ⅳ. ①O4-33

中国版本图书馆CIP数据核字(2016)第296273号

责任编辑：昌 盛 王 刚/责任校对：彭 涛
责任印制：徐晓晨/封面设计：迷底书装

科学出版社出版
北京东黄城根北街16号
邮政编码：100717
http://www.sciencep.com
北京虎彩文化传播有限公司印刷
科学出版社发行 各地新华书店经销
*
2007年8月第 一 版 开本：787×1092 1/16
2011年8月第 二 版 印张：10
2017年1月第 三 版 字数：237 000
2018年1月第十一次印刷
定价：27.00元
(如有印装质量问题，我社负责调换)

第三版前言

本教材自出版以来，编者的初衷基本得到体现：注重学生动手能力和独立思考问题能力的培养，同时加强了基本实验技能的培养.

根据广大教师和同学的反映，以及实验技术的发展，这次再版对原书部分内容进行了修订.

这次修订进一步调整了实验章节，将仿真实验调整成一个大型实验. 随着实验技术发展，将综合性、设计性实验合二为一. 同时新增了研究性实验，如荧光温度传感与玻尔兹曼常量测量等；进一步加强学生物理实验思想的训练和独立解决问题的能力训练. 最后对部分实验内容进行修订，使其更加符合实验要求.

本次教材修订得到很多教师和出版社的大力支持，南昌航空大学的龚勇清教授、陈学岗教授认真审阅了修订后的书稿，提出许多中肯的修改建议. 新增部分实验内容曾作为校内讲义在南昌航空大学试用，许多同学给出很好地感想，编者对此表示衷心的感谢. 此外，还要感谢广大教师和读者指出本书第二版中出现的一些不足. 由于编者水平有限，修订后仍不免有不妥和疏漏，恳请批评指正.

编　者

2016 年 6 月

目　　录

绪　论

物理学是研究物质的基本结构、基本运动形式、相互作用及其转化规律的自然科学. 它的基本理论渗透在自然科学的各个领域, 应用于生产技术的许多部门, 是其他自然科学和工程技术的基础.

整个物理学的发展史是人类不断深刻了解自然、认识自然的历史进程. 实验物理和理论物理是物理学的两大分支, 实验事实是检验物理模型、确立物理规律的终审裁判. 理论物理与实验物理相辅相成, 互相促进, 恰如鸟之双翼, 人之双足, 缺一不可. 物理学正是靠着实验物理和理论物理的相互配合激励、探索前进, 而不断向前发展的. 在物理学的发展过程中, 这种关于相互促进、相互激励、相互完善的过程的实例是数不胜数的.

16 世纪意大利物理学家伽利略首先把科学实验方法引入物理学研究中, 从而使物理学走上了真正的科学道路. 在他所设计的斜面实验中, 有意识地忽略了空气阻力, 以便抓住主要问题; 改变斜面倾角(即变更实验条件), 观测实验结果的变化. 在此基础上, 他还运用推理概括的方法, 得出了超越实验本身的更为普遍的规律: 物体在光滑水平面上的运动是等速直线运动(惯性定律); 各种物体沿铅直方向自由下落均做等加速直线运动, 且具有相同的加速度 a. 伽利略的这种丰富的实验思想和实验方法对我们当今的物理实验仍有着重要的启示. 17 世纪, 牛顿正是在伽利略、开普勒工作的基础上建立了完整的经典力学理论.

当代最为引人注目的诺贝尔物理学奖, 主要颁发给物理学中具有划时代的里程碑级的重大发现者和发明者. 从 1901 年第一次授奖至今有近百年的历史, 已有得主近 150 名. 其中主要以实验物理学方面的发现或发明而获奖者约占 73%. 例如, 1901 年首届诺贝尔物理学奖授予德国人伦琴(W. C. Rentegen), 是为了奖励他于 1895 年发现了 X 射线; 1902 年的诺贝尔物理学奖授予荷兰人塞曼, 是为了奖励他在 1894 年发现光谱线在磁场中会分裂的现象; 1903 年的诺贝尔物理学奖授予法国人贝可勒尔(H. A. Becquerel), 是为了奖励他于 1896 年发现了天然放射性.

由此可见, 物理学本质上是一门实验科学. 物理实验是科学实验的先驱, 体现了大多数科学实验的共性, 在实验思想、实验方法以及实验手段等方面是各学科科学实验的基础. 物理理论和实验的发展哺育着近代科技的成长和发展, 物理实验的思想、方法、技术和装置常常是自然科学研究和工程技术发展的生长点.

物理实验课覆盖面广, 具有丰富的实验思想、方法、手段, 同时能提供综合性很强的基本实验技能训练, 是培养学生科学实验能力、提高科学素质的重要基础. 它在培养学生严谨的治学态度、活跃的创新意识、理论联系实际和适应科技发展的综合应用能力等方面具有其他实践类课程不可替代的作用.

大学阶段的物理实验课的主要任务不在于物理定律和原理的验证, 而是通过物理实验的训练培养学生的基本科学实验技能, 使学生初步掌握实验科学的思想和方法. 在这些能力培养中，最需要强调的是关于学生的能力、作风、素质的培养.

1. 能力

能力是多方面的，通过物理实验需要培养的是观察现象的能力、透过现象研究规律的能力，从复杂的现象中抽取相关信息的能力、运用知识解决实际问题的能力、根据仪器说明书能正确使用仪器的能力、从事现代化科学实验的能力等. 具体有如下几个方面的能力需要在物理实验课程中重点加以培养.

(1)学习物理实验知识，加深对物理学原理的理解；

(2)培养和提高学生掌握基本测量物理原理的能力；

(3)掌握常用仪器仪表的基本原理、性能及使用方法；

(4)学会正确记录和处理相关实验数据；

(5)学会对实验结果进行分析判断，正确撰写实验报告.

2. 作风

这里主要应强调科学的工作作风，如实事求是的作风，严肃认真的作风以及坚韧不拔的工作作风等. 而对于培养学生的团结协作精神、爱护国家财产等观念也是不容忽视的.

3. 素质

素质的内涵是指由实验方面的基本知识、基本方法和基本技能的水平，对现象观察和分析的能力以及良好的实验习惯和科学作风等综合表现. 学生能力强、工作作风好、实验素质好，有利于实验良好习惯的培养，如认真阅读仪器说明书和参考资料的习惯，认真了解仪器的操作使用方法并遵守操作规程的习惯，认真、完整、如实地记录实验原始数据的习惯，在实验过程中积极思考、深入探讨、运用知识去解决问题的习惯等.

大学物理实验作为大学生进校后第一门科学实验课程，不仅应让学生受到严格的、系统的实验技能训练，掌握科学实验的基本知识、方法和技巧，更重要的是要培养学生严谨的科学思维方式和创新精神，培养学生理论联系实际、分析和解决实际问题的能力，特别是应掌握与科学技术的发展相适应的综合能力.

第1章　基础实验

实验 1.1　热敏电阻温度特性研究

【实验目的】

1. 学习用惠斯通电桥测电阻.
2. 了解热敏电阻的电阻温特性，掌握其测定方法.

【实验仪器】

惠斯通电桥、水银温度计、烧杯、加热用电炉、热敏电阻、蒸馏水等.

【实验原理】

1. 热敏电阻特性

热敏电阻是用半导体的氧化物制成的，一般用 Fe_3O_4，$MgCr_2O_4$ 是半导体，非线性电阻元件. 半导体的一个重要特点就是：当温度升高时，其阻值急剧减小. 这一点和金属很不相同. 当温度增加时，金属的阻值不是减小，而是增大，并且随温度变化的很小. 例如，当温度升高时，铜的电阻增加 4%，而半导体的阻值却要减小 3%～6%. 可见半导体阻值随温度变化的反应要灵敏得多. 而且，大多数的热敏电阻有着负的温度系数.

为什么半导体的电阻温度特性和金属截然不同呢?

半导体的电阻温度特性物理基础：

由经典电子论可知:金属中本来就存在着大量电子,它们能在电场的作用下自由移动，形成电流. 当温度升高时，金属内部的电子运动加剧，增加了对电子运动的阻碍作用，因此金属温度升高时其阻值稍微增大. 在半导体中，大部分的电子是受约束的. 当温度升高时，依靠电子的振动(热运动)，把能量传递给电子，可将电子释放出来成为自由电子，参与导电. 温度越高，原子的热运动就越剧烈，参与导电的自由电子就越多，导电能力就越好，电阻值就越低.

半导体热敏电阻的温度与阻值的关系为：

$$Rt = \mathrm{A}\exp(\beta / T) \tag{1.1.1}$$

式中，A、β 都是常数；T 是绝对温度.

根据定义，电阻温度系数 $\alpha = \frac{1}{Rt}\frac{\mathrm{d}R}{\mathrm{d}t}$，$Rt$ 是在摄氏温度 t 下的电阻值. 若绘出热敏电阻的电阻温度特性曲线，就可求出特定温度范围内的电阻温度系数.

2. 惠斯通电桥原理

惠斯通电桥：

要想对电阻进行精密测量时，一般都采用惠斯通电桥，不过用惠斯通电桥只能测量中等阻值的电阻(1～1000000 欧姆)，$R < 1$ 欧姆或 $R > 1000000$ 欧姆的电阻必须用其它方法测量.

电路图如图 1.1.1 所示，R_x就是待测电阻. 当 B、D 两点电位相等时，检流计 G 中无电流通过，电桥达到平衡. 平衡时必有：

$$R_x = (R_1 / R_2) \cdot R_0 \tag{1.1.2}$$

R_1 / R_2和 R_0 都已知，R_x 即可求出. R_1/R_2 称为电桥的比例臂，根据 R_x 的大小选择适当的比例臂值，以便充分利用 R_1 / R_2 四个旋钮，保证结果有 4 位有效数字.

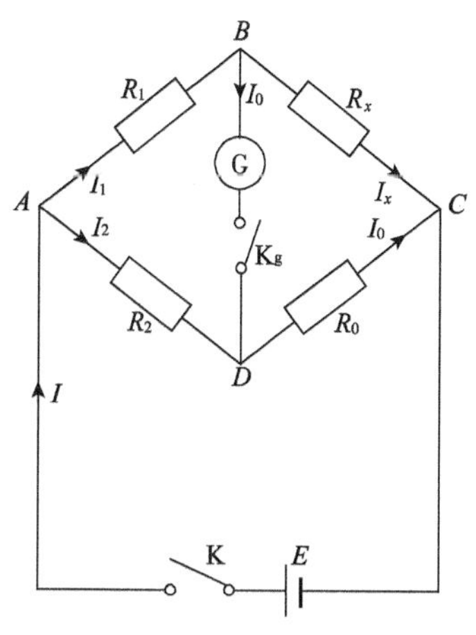

图 1.1.1 惠斯通电桥原理图

(1.1.2)式是在电桥平衡的条件下推导出来的，电桥是否平衡，是由检流计有无偏转来判断的. 而检流计的灵敏度总是有限的，实验中所用的张丝式检流计，其指针偏转一格所对应的电流约为 10^{-6}A. 当通过它的电流比 10^{-7}A 还小时，指针的偏转小于 0.1 格，就很难察觉出来了. 假设电桥在 R_1 / R_2=1 时调到了平衡，则有 R_x=R_0，这时若把 R_0 改变一个微小量 ΔR_0，电桥就会失去平衡，从而有电流 Ig 流过检流计，如果 Ig 小到检流计觉察不出来，那么我们就会仍然认为电桥是平衡的，因而得到 R_x=R_0+ΔR_0，ΔR_0 就是检流计灵敏度不够而带来的测量误差 ΔR_x. 为此，我们引入电桥灵敏度，定义为：

$$S = \frac{\Delta n}{\Delta R_x} \cdot \frac{1}{R_x}$$

Δn 是由于 ΔR_x 引起电桥偏离平衡时检流计的偏转格数，Δn 越大，说明电桥灵敏度越高，带来的误差就越小.

从误差来源看，除上述外，还有 R_1、R_2、R_0 不准确带来的误差. 一般说，电阻可以制造得比较精确. 通常使用的电阻误差为 0.2%，标准电阻的误差为 0.01%左右.

【实验步骤】

1. 按图 1.1.1 接线如图，热敏电阻作为 R_x 接入电路. 检流计调零. 调节电阻箱的电阻大小，设置 R_1 / R_2 的比值.

2. 打开电源，将电压调节到 3 伏. 调节电阻 R_0，使得电桥平衡，检流计指向 0.

3. 打开与热敏电阻相连的功率调节器，使得热敏电阻温度升高.

4. 温度每升高 5 ℃，对电桥进行调节，使其平衡，记下此时的电阻值. 直至温度为 80 ℃. 关掉功率调节器，温度下降，记下温度下降时对应温度下的电阻值.

注意：1)随着温度的升高，热敏电阻不断变化，导致检流计指针偏转，要不断调节电阻使指针靠近 0 刻度线，在达到指定温度时，进行微调，使指针指向 0 刻度线.

2)每调节一次电阻或温度升高，都需按电计旋钮，观察检流计偏转情况. 根据偏转情况，调节电阻大小.

5. 计算出升温与降温中同一温度下 Rt 的平均值，然后绘制出热敏电阻的电阻温度特性曲线.

6. 在特性曲线上求出 $t = 50$ ℃点的斜率 $\mathrm{d}R/\mathrm{d}t$，再代入公式$\alpha = \dfrac{1}{Rt}\dfrac{\mathrm{d}R}{\mathrm{d}t}$，计算出电阻温度系数 α.

7. 作 $\ln Rt - 1/T$ 曲线. 确定 A、B 值. 再由

$$\alpha = \frac{1}{Rt}\frac{\mathrm{d}Rt}{\mathrm{d}t} = \frac{1}{Rr}\frac{\mathrm{d}RT}{\mathrm{d}T} = -\frac{B}{T^2}$$

求出 50℃时的电阻温度系数.

【注意事项】

实验时，应根据自己调节的速度来控制所需功率大小. 功率过大温度上升过快，可能无法及时调到指定温度下的电阻，功率过小，实验速度太慢.

【思考题】

1. 在进行本实验时，若检流计指针偏向右边，则应该如何操作；若检流计指针偏向左边，则又该如何操作?

2. 在本实验中，电桥的相对灵敏度如何表示?

实验 1.2 变温液体黏滞系数的测定

液体的黏滞系数又称为内摩擦系数或粘度；是描述液体内摩擦力性质的一个重要物理量. 它表征液体反抗形变的能力，只有在液体内存在相对运动时才表现出来. 当液体内各部分之间有相对运动时，接触面之间存在内摩擦力，阻碍液体的相对运动，这种内摩擦力称为黏滞力. 粘滞力的大小与接触面面积以及接触面处的速度梯度成正比，比例系数 η 称为粘度(或黏滞系数).

什么流体的黏滞系数最小？1957 年 12 月 1 日，美国加利福利亚技术学院宣布：在液氦Ⅱ里，黏滞系数小的测量不到. 它是没有黏滞系数的理想流体.

对液体黏滞性的研究在流体力学，化学化工，医疗，水利等领域都有广泛的应用，例如在用管道输送液体时要根据输送液体的流量，压力差，输送距离及液体黏度，设计输送管道的口径.

黏度的大小取决于液体的性质与温度，温度升高，黏度将迅速减小. 例如对于蓖麻油，在室温附近温度改变 1℃，黏度值改变约 10%. 因此，测定液体在不同温度的黏度有很大的实际意义，欲准确测量液体的黏度，必须精确控制液体温度.

【实验目的】

(1) 用落球法测量不同温度下蓖麻油的黏度.

(2) 了解 PID 温度控制的原理.

【实验仪器】

变温黏度测量仪、ZKY-PID 温控实验仪、秒表、螺旋测微器、钢球若干.

【实验原理】

测量液体黏度可用落球法、毛细管法、转筒法等方法，其中落球法适用于测量黏度较高的液体.

1. 落球法测定液体的黏度

一个在静止液体中下落的小球受到重力、浮力和黏滞阻力三个力的作用，如果小球的速度 v 很小，且液体可以看成在各方向上都是无限广阔的，则从流体力学的基本方程可以导出表示黏滞阻力的斯托克斯公式：

$$F = 3\pi\eta v d \tag{1.2.1}$$

式中，d 为小球直径. 由于黏滞阻力与小球速度 v 成正比，小球在下落很短一段距离后(参见附录的推导)，所受三力达到平衡，小球将以 v_0 匀速下落，此时有

$$\frac{1}{6}\pi d^3\left(\rho-\rho_0\right)g = 3\pi\eta v_0 d \tag{1.2.2}$$

式中，ρ 为小球密度，ρ_0 为液体密度．由式(1.2.2)可解出黏度 η 的表达式

$$\eta=\frac{(\rho-\rho_0)gd^2}{18v_0} \tag{1.2.3}$$

本实验中，小球在直径为 D 的玻璃管中下落，液体在各方向无限广阔的条件不满足，此时黏滞阻力的表达式可加修正系数 $(1+2.4d/D)$，而式(1.2.3)可修正为

$$\eta=\frac{(\rho-\rho_0)gd^2}{18v_0(1+2.4\,d\,/\,D)} \tag{1.2.4}$$

当小球的密度较大，直径不是太小，而液体的黏度值又较小时，小球在液体中的平衡速度 v_0 会达到较大的值，奥西思–果尔斯公式反映出了液体运动状态对斯托克斯公式的影响：

$$F=3\pi\eta v_0 d\left(1+\frac{3}{16}Re-\frac{19}{1080}Re^2+\cdots\right) \tag{1.2.5}$$

其中，Re 称为雷诺数，是表征液体运动状态的无量纲参数.

$$Re=v_0 d\rho_0\,/\,\eta \tag{1.2.6}$$

当 $Re<0.1$ 时，可认为式(1.2.1)和(1.2.4)成立．当 $0.1<Re<1$ 时，应考虑式(1.2.5)中 1 级修正项的影响，当 $Re>1$ 时，还须考虑高次修正项.

考虑式(1.2.5)中 1 级修正项的影响及玻璃管的影响后，黏度 η_1 可表示为

$$\eta_1=\frac{(\rho-\rho_0)gd^2}{18v_0(1+2.4\,d\,/\,D)(1+3Re\,/\,16)}=\eta\frac{1}{1+3Re\,/\,16} \tag{1.2.7}$$

由于 $3Re/16$ 是远小于 1 的数，将 $1/(1+3Re/16)$ 按幂级数展开后近似为 $1-3Re/16$，式(1.2.7)又可表示为

$$\eta_1=\eta-\frac{3}{16}v_0\,d\rho_0 \tag{1.2.8}$$

已知或测量得到 ρ 、ρ_0 、D、d、v 等参数后，由式(1.24)计算黏度 η，再由式(1.26)计算 Re，若需计算 Re 的 1 级修正，则由式(1.28)计算经修正的黏度 η_1.

在国际单位制中，η 的单位是 Pa·s(帕·秒)，在厘米·克·秒制中，η 的单位是 P(泊)或 cP(厘泊)，它们之间的换算关系是

$$1\ \text{Pa}\cdot\text{s}=10\ \text{P}=1000\ \text{cP} \tag{1.2.9}$$

2. PID 调节原理

PID 调节是自动控制系统中应用最为广泛的一种调节规律，自动控制系统的原理可用图 1.2.1 说明.

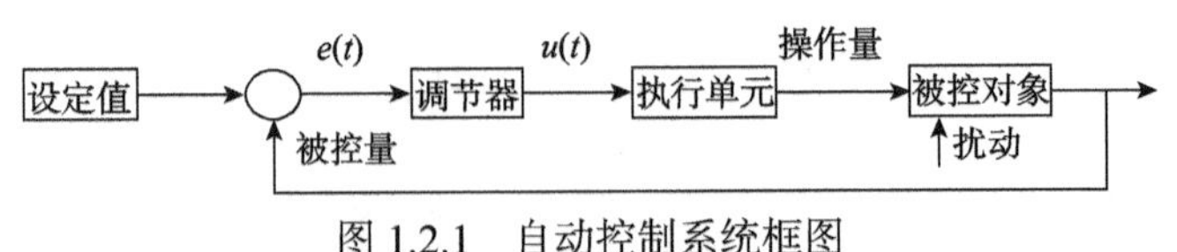

图 1.2.1 自动控制系统框图

假如被控量与设定值之间有偏差 $e(t)$=设定值－被控量，调节器依据 $e(t)$ 及一定的调节规律输出调节信号 $u(t)$，执行单元按 $u(t)$ 输出操作量至被控对象，使被控量逼近直至最后等于设定值. 调节器是自动控制系统的指挥机构.

PID 温度控制系统在调节过程中温度随时间的一般变化关系可用图 1.2.2 表示，控制效果可用稳定性、准确性和快速性评价.

由图 1.2.2 可见，系统在达到设定值后一般并不能立即稳定在设定值，而是超过设定值后经一定的过渡过程才重新稳定，产生超调的原因可从系统惯性、传感器滞后和调节器特性等方面予以说明. 系统在升温过程中，加热器温度总是高于被控对象温度，在达到设定值后，即使减小或切断加热功率，加热器存储的热量在一定时间内仍然会使系统升温，降温有类似的反向过程，这称之为系统的热惯性.

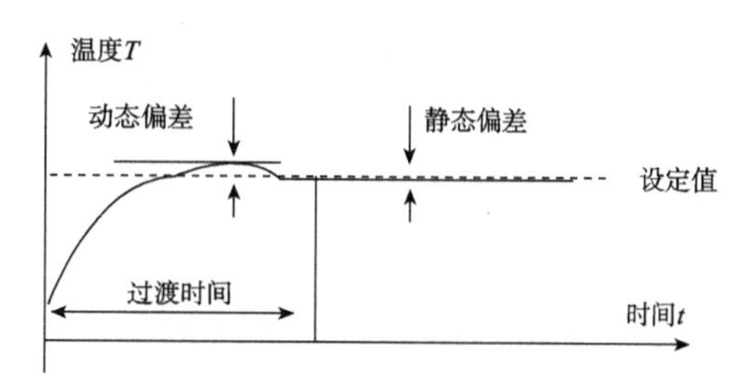

图 1.2.2　PID 调节系统过渡过程

3. 变温黏度测量仪

变温黏度测量仪的外形如图 1.2.3 所示. 待测液体装在细长的样品管中，能使液体温度较快地与加热水温达到平衡，样品管壁上有刻度线，便于测量小球下落的距离. 样品管外的加热水管连接到温控仪，通过热循环水加热样品. 底座下有调节螺钉，用于调节样品管的铅直.

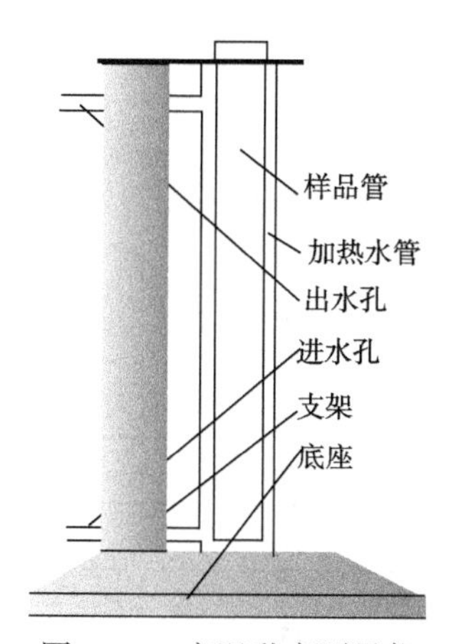

图 1.2.3　变温黏度测量仪

4. 开放式 PID 温控实验仪

温控实验仪包含水箱、水泵、加热器、控制及显示电路等部分.

本温控试验仪内置微处理器，带有液晶显示屏，具有操作菜单化，能根据实验对象选择 PID 参数以达到最佳控制，能显示温控过程的温度变化曲线和功率变化曲线及温度和功率的实时值，能存储温度及功率变化曲线，控制精度高等特点，仪器面板如图 1.2.4 所示.

开机后，水泵开始运转，显示屏显示操作菜单，可选择工作方式，输入序号及室温，设定温度及 PID 参数. 使用◀ ▶键选择项目▲ ▼键设置参数，按确认键进入下一屏，按返回键返回上一屏.

进入测量界面后，屏幕上方的数据栏从左至右依次显示序号、设定温度、初始温度、当前温度、当前功率、调节时间等参数. 图形区以横坐标代表时间，纵坐标代表温度(以及功率)，并可用▲▼键改变温度坐标值. 仪器每隔 15 s 采集 1 次温度及加热功率值，并将采得的数据标示在图上. 温度达到设定值并保持 2 min 温度波动小于 0.1 ℃，仪器自动判定达到平衡，并在图形区右边显示过渡时间 t s，动态偏差 σ，静态偏差 e. 一次实验完成退出时，仪器自动将屏幕按设定的序号存储(共可存储 10 幅)，以供必要时查看、分析、比较.

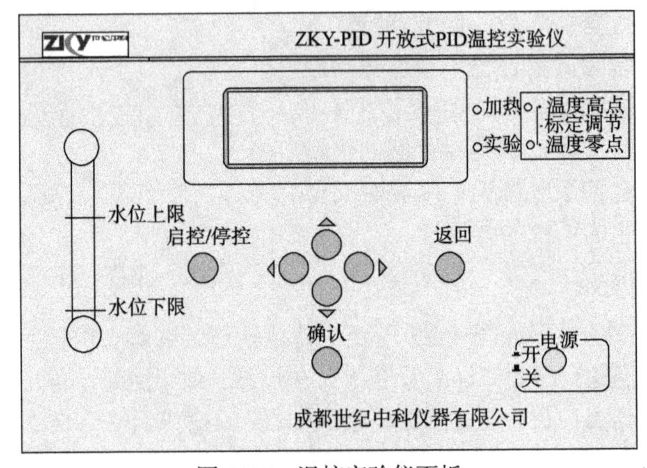

图 1.2.4 温控实验仪面板

【实验步骤】

(1) 检查仪器前面的水位管，将水箱水加到适当位置. 调节样品管底座下的调节螺钉，使其铅直.

(2) 测定小球直径，用螺旋测微器测定小球的直径 d，将数据记入表 1.2.1 中.

表 1.2.1 小球的直径

次数	1	2	3	4	5	6	7	8	平均值
$d/10^{-3}$m									

(3) 打开温控仪开关，检查水是否循环良好，设置测量的温度. 温控仪温度达到设定值后再等约 10 min，使样品管中的待测液体温度与加热水温完全一致才能测液体黏度.

(4) 在样品管上取定小球匀速下降的标志 N_1、N_2. 起点 N_1 不要离液面太近，应选在离液面 5 厘米以下，终点 N_2 也不要靠近底部，应选在离底部 5 厘米以上，最好在液体的中间取一段，距离 L 一般为 10 厘米.

(5) 用镊子夹住小球沿样品管中心轻轻放入液体，观察小球是否一直沿中心下落，若样品管倾斜，应调节其铅直. 测量过程中，尽量避免对液体的扰动.

(6) 用秒表测量小球落经一段距离的时间 t，并计算小球速度 v_0，用式(1.2.4)或式(1.2.8)计算黏度 η，记入表 1.2.2 中. 表中列出了部分温度下黏度的标准值，可将这些温度下黏度的测量值与标准值比较，并计算相对误差.

(7)将表 1.2.2 中 η 的测量值在坐标纸上作图，表明黏度随温度的变化关系.

(8)实验全部完成后，用磁铁将小球吸引至样品管口，用镊子夹出，放置球盒中保存，以备下次实验使用.

表 1.2.2　黏度的测定($\rho = 7.8\times10^3\,\mathrm{kg/m^3}$，$\rho_0 = 0.95\times10^3\,\mathrm{kg/m^3}$，$D = 2.0\times10^{-2}\mathrm{m}$) L=______cm

温度/℃	时间/s						速度/(m/s)	η/(Pa·s)测量值	*η/(Pa·s)标准值
	1	2	3	4	5	平均			
10									2.420
15									
20									0.986
25									
30									0.451
35									
40									0.231
45									
50									
55									

下落距离 L=__________ cm

【思考题】

(1)本实验中产生误差的主要原因有哪些?

(2)在温度不同的两种蓖麻油中，同一小球下降的最终速度是否相同，为什么?

附录　小球在达到平衡速度之前所经路程 L 的推导

由牛顿运动定律及黏滞阻力的表达式，可列出小球在达到平衡速度之前的运动方程：

$$\frac{1}{6}\pi d^3\rho\frac{\mathrm{d}v}{\mathrm{d}t}=\frac{1}{6}\pi d^3(\rho-\rho_0)g-3\pi\eta\,\mathrm{d}v \tag{1.2.10}$$

经整理后得

$$\frac{\mathrm{d}v}{\mathrm{d}t}+\frac{18\eta}{d^2\rho}v=\left(1-\frac{\rho_0}{\rho}\right)g \tag{1.2.11}$$

这是一个一阶线性微分方程，其通解为

$$v=\left(1-\frac{\rho_0}{\rho}\right)g\cdot\frac{d^2\rho}{18\eta}+C\mathrm{e}^{-\frac{18\eta}{d^2\rho}t} \tag{1.2.12}$$

设小球以零初速放入液体中，代入初始条件(t=0，v=0)，定出常数 C 并整理后得

$$v=\frac{d^2g}{18\eta}(\rho-\rho_0)\cdot\left(1-e^{-\frac{18\eta}{d^2\rho}t}\right) \tag{1.2.13}$$

随着时间增大，式中的负指数项迅速趋近于 0，由此得平衡速度

$$v_0=\frac{d^2g}{18\eta}(\rho-\rho_0) \tag{1.2.14}$$

式(1.2.14)与正文中的式(1.2.3)是等价的，平衡速度与黏度成反比．设从速度为 0 到速度达到平衡速度的 99.9%这段时间为平衡时间 t_0，即令

$$e^{-\frac{18\eta}{d^2\rho}t_0}=0.001 \tag{1.2.15}$$

由式(1.2.15)可计算平衡时间.

若钢球直径为 10^{-3}m，代入钢球的密度 ρ，蓖麻油的密度 ρ_0 及 40 ℃ 时蓖麻油的黏度 $\eta=0.231\ \mathrm{Pa\cdot s}$，可得此时的平衡速度约为 $v_0=0.016\ \mathrm{m/s}$，平衡时间约为 $t_0=0.013$ s.

平衡距离 L 小于平衡速度与平衡时间的乘积，在我们的实验条件下，小于 1 mm，基本可认为小球进入液体后就达到了平衡速度.

实验 1.3　空气热机效率测量

热机是将热能转换为机械能的机器. 历史上对热机循环过程及热机效率的研究，曾为热力学第二定律的确立起到奠基性的作用. 斯特林 1816 年发明的空气热机，以空气作为工作介质，是最古老的热机之一. 虽然现在已发展了内燃机、燃气轮机等新型热机，但空气热机结构简单，便于帮助理解热机原理与卡诺循环等热力学中的重要内容，是很好的热学实验教学仪器.

【实验目的】

(1) 理解热机原理及循环过程.

(2) 测量不同冷热端温度时的热功转换值，验证卡诺定理.

(3) 测量热机输出功率随负载及转速的变化关系，计算热机的实际效率.

【实验仪器】

空气热机实验仪、空气热机测试仪、电加热器及电源、计算机(或双踪示波器).

【实验原理】

空气热机的结构及工作原理可用图 1.3.1 说明. 热机主机由高温区、低温区、工作活塞及汽缸、位移活塞及汽缸、飞轮、连杆、热源等部分组成.

热机中部为飞轮与连杆机构，工作活塞与位移活塞通过连杆与飞轮连接. 飞轮的下方为工作活塞与工作汽缸，飞轮的右方为位移活塞与位移汽缸，工作汽缸与位移汽缸之间用通气管连接. 位移汽缸的右边是高温区，可用电热方式或酒精灯加热，位移汽缸左边有散热片，构成低温区.

工作活塞使汽缸内气体封闭，并在气体的推动下对外做功. 位移活塞是非封闭的占位活塞，其作用是在循环过程中使气体在高温区与低温区间不断交换，气体可通过位移活塞与位移汽缸间的间隙流动. 工作活塞与位移活塞的运动是不同步的，当某一活塞处于位置极值时，它本身的速度最小，而另一个活塞的速度最大.

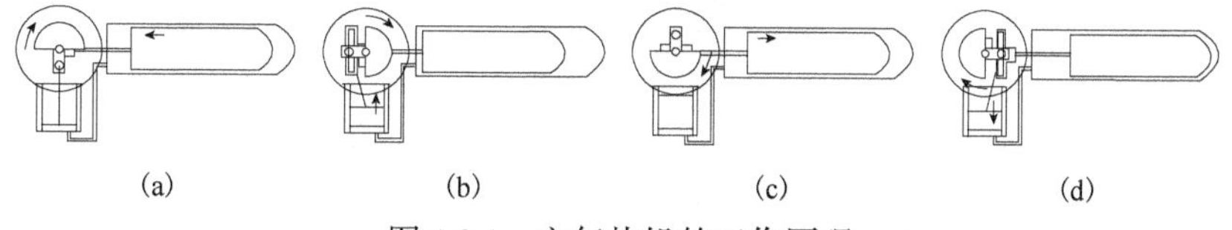

(a)　(b)　(c)　(d)

图 1.3.1　空气热机的工作原理

当工作活塞处于最底端时，位移活塞迅速左移，使汽缸内气体向高温区流动，如图 1.3.1(a)所示；进入高温区的气体温度升高，使汽缸内压强增大并推动工作活塞向上运动，如图 1.3.1(b)所示，在此过程中热能转换为飞轮转动的机械能；工作活塞在最顶端时，位移活塞迅速右移，使汽缸内气体向低温区流动，如图 1.3.1(c)所示；进入低温区的气体温度降低，使汽缸内压强减小，同时工作活塞在飞轮惯性力的作用下向下运动，完成循环，如图 1.3.1(d)所示. 在一次循环过程中气体对外所做净功等于 p-V 图所围的面积.

根据卡诺对热机效率的研究而得出的卡诺定理, 对于循环过程可逆的理想热机, 热功转换效率

$$\eta = A/Q_1=(Q_1-Q_2)/Q_1=(T_1-T_2)/T_1 = \Delta T/ T_1$$

式中, A 为每一循环中热机做的功, Q_1 为热机每一循环从热源吸收的热量, Q_2 为热机每一循环向冷源放出的热量, T_1 为热源的绝对温度, T_2 为冷源的绝对温度.

实际的热机都不可能是理想热机, 由热力学第二定律可以证明, 循环过程不可逆的实际热机, 其效率不可能高于理想热机, 此时热机效率

$$\eta\leqslant\Delta T/ T_1$$

卡诺定理指出了提高热机效率的途径, 就过程而言, 应当使实际的不可逆机尽量接近可逆机. 就温度而言, 应尽量地提高冷热源的温度差.

热机每一循环从热源吸收的热量 Q_1 正比于 $\Delta T / n$, n 为热机转速, η 正比于 $nA/\Delta T$. n, A, T_1 及 ΔT 均可测量, 测量不同冷热端温度时的 $nA/\Delta T$, 观察它与 $\Delta T/ T_1$ 的关系, 可验证卡诺定理.

当热机带负载时, 热机向负载输出的功率可由力矩计测量计算而得, 且热机实际输出功率的大小随负载的变化而变化. 在这种情况下, 可测量计算出不同负载大小时的热机实际效率.

【仪器介绍】

仪器主要包括空气热机实验仪(实验装置部分)和空气热机测试仪两部分.

Ⅰ. 空气热机实验仪

1. 电加热型热机实验仪(图 1.3.2)

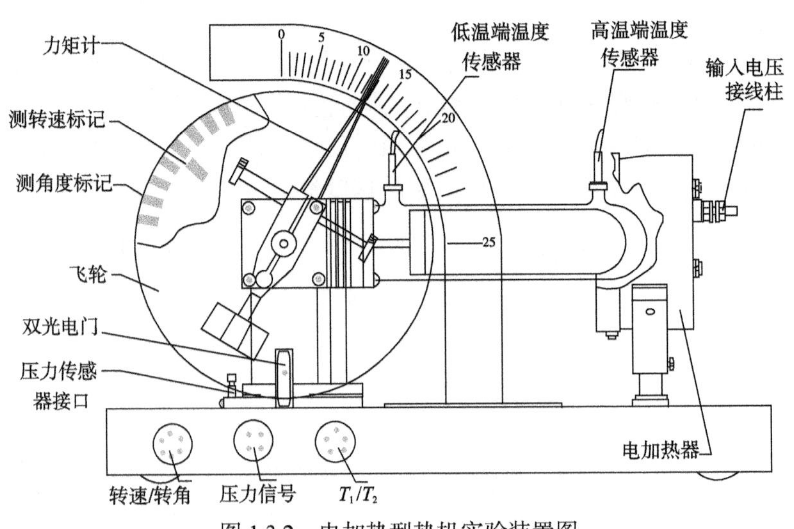

图 1.3.2 电加热型热机实验装置图

飞轮下部装有双光电门, 上边的一个用以定位工作活塞的最低位置, 下边一个用以测

量飞轮转动角度．热机测试仪以光电门信号为采样触发信号．

汽缸的体积随工作活塞的位移而变化，而工作活塞的位移与飞轮的位置有对应关系，在飞轮边缘均匀排列 45 个挡光片，采用光电门信号上下沿均触发方式，飞轮每转 4°给出一个触发信号，由光电门信号可确定飞轮位置，进而计算汽缸体积．

压力传感器通过管道在工作汽缸底部与汽缸连通，测量汽缸内的压力．在高温和低温区都装有温度传感器，测量高低温区的温度．底座上的三个插座分别输出转速/转角信号、压力信号和高低端温度信号，使用专门的线和实验测试仪相连，传送实时的测量信号．电加热器上的输入电压接线柱分别使用黄、黑两种线连接到电加热器电源的电压输出正负极上．

热机实验仪采集光电门信号、压力信号和温度信号，经微处理器处理后，在仪器显示窗口显示热机转速和高低温区的温度．在仪器前面板上提供压力和体积的模拟信号，供连接示波器显示 p-V 图．所有信号均可经仪器前面板上的串行接口连接到计算机．

加热器电源为加热电阻提供能量，输出电压从 24～36 V 连续可调，可以根据实验的实际需要调节加热电压．

力矩计悬挂在飞轮轴上，调节螺钉可调节力矩计与轮轴之间的摩擦力，由力矩计可读出摩擦力矩 M，并进而算出摩擦力和热机克服摩擦力所做的功．经简单推导可得热机输出功率 $P=2\pi nM$，式中 n 为热机每秒的转速，即输出功率为单位时间内的角位移与力矩的乘积．

2．电加热器电源

(1) 加热器电源前面板简介，如图 1.3.3 所示，其中各按钮代表含义如下．

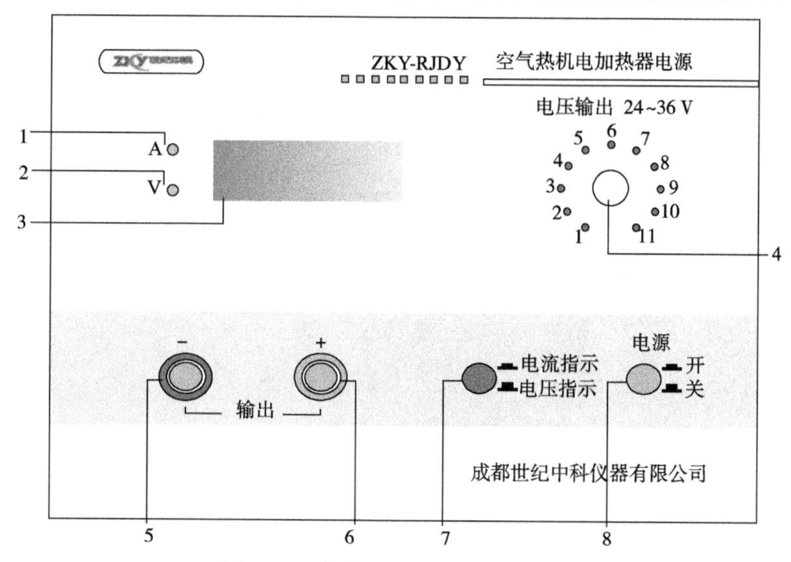

图 1.3.3　加热器电源前面板示意图

1——电流输出指示灯：当显示表显示电流输出时，该指示灯亮；

2——电压输出指示灯：当显示表显示电压输出时，该指示灯亮；

3——电流电压输出显示表：可以按切换方式显示加热器的电流或电压；

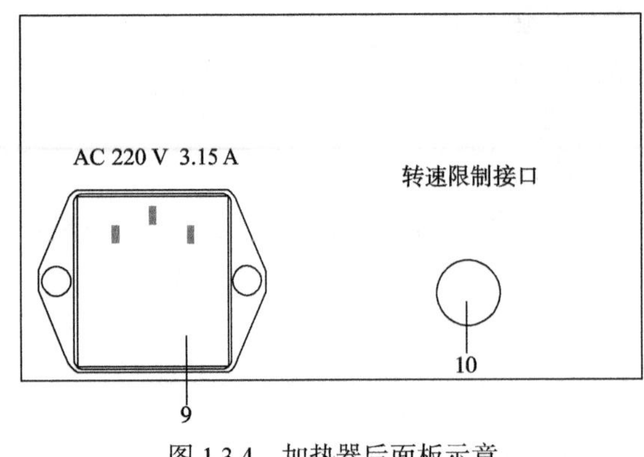

图 1.3.4 加热器后面板示意

4——电压输出旋钮：可以根据加热需要调节电源的输出电压，调节范围为“24～36V”，共分做 11 挡；

5——电压输出“−”接线柱：加热器的加热电压的负端接口；

6——电压输出“+”接线柱：加热器的加热电压的正端接口；

7——电流电压切换按键：按下显示表显示电流，弹出显示表显示电压；

8——电源开关按键：打开和关闭仪器.

(2)加热器电源后面板简介. 如图 1.3.4 所示，其中各按钮代表含义如下.

9——电源输入插座：输入 AC220 V 电源，配 3.15 A 保险丝；

10——转速限制接口：当热机转速超过 15 n/s 后，主机会输出信号将电加热器电源输出电压断开，停止加热.

Ⅱ. 空气热机测试仪

空气热机测试仪分为微机型和智能型两种. 微机型测试仪可以通过串口和计算机通信，并配有热机软件，可以通过该软件在计算机上显示并读取 p-V 图面积等参数和观测热机波形；智能型测试仪不能和计算机通信，只能用示波器观测热机波形.

(1)测试仪前面板简介，如图 1.3.5 所示，其中各按钮代表含义如下.

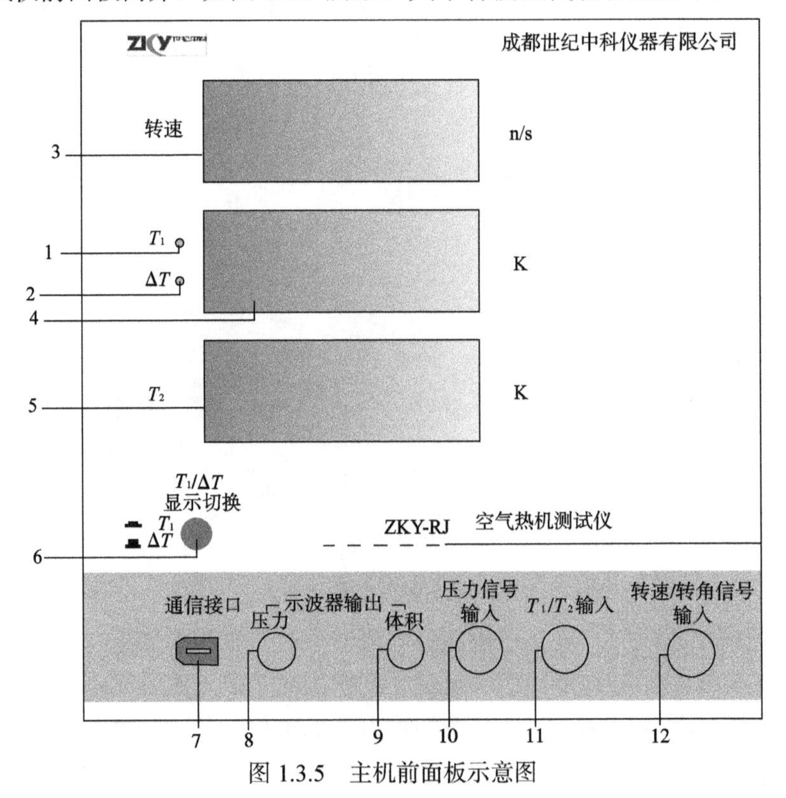

图 1.3.5 主机前面板示意图

1——T_1 指示灯：该灯亮表示当前的显示数值为热源端绝对温度；

2——ΔT 指示灯：该灯亮表示当前显示数值为热源端和冷源端的绝对温度差；

3——转速显示：显示热机的实时转速，单位为“转/秒”(n/s)；

4——$T_1/\Delta T$ 显示：可以根据需要显示热源端绝对温度或冷热两端的绝对温度差，单位“开尔文”(K)；

5——T_2 显示：显示冷源端的绝对温度值，单位“开尔文”(K)；

6——$T_1/\Delta T$ 显示切换按键：按键通常为弹出状态，表示 4 中显示的数值为热源端绝对温度 T_1，同时 T_1 指示灯亮；当按键按下后显示为冷热端绝对温度差 ΔT，同时 ΔT 指示灯亮；

7——通信接口：使用 1394 线热机通信器相连，再用 USB 线将通信器和计算机 USB 接口相连，如此可以通过热机软件观测热机运转参数和热机波形(仅适用于微机型)；

8——示波器压力接口：通过 Q_9 线和示波器 Y 通道连接，可以观测压力信号波形；

9——示波器体积接口：通过 Q_9 线和示波器 X 通道连接，可以观测体积信号波形；

10——压力信号输入口(四芯)：用四芯连接线和热机相应的接口相连，输入压力信号；

11——T_1/T_2 输入口(大芯)：用六芯连接线和热机相应的接口相连，输入 T_1/T_2 温度信号；

12——转速/转角信号输入口(五芯)：用五芯连接线和热机相应的接口相连，输入转速/转角信号；

(2)测试仪后面板简介，如图 1.3.6 所示，其中各按钮代表含义如下.

13——转速限制接口：加热源为电加热器时使用的限制热机最高转速的接口；当热机转速超过 15 n/s(会伴随发出间断蜂鸣声)后，热机测试仪会自动将电加热器电源输出断开，停止加热；

14——电源输入插座：输入 AC 220V 电源，配 1.25 A 保险丝；

15——电源开关：打开和关闭仪器.

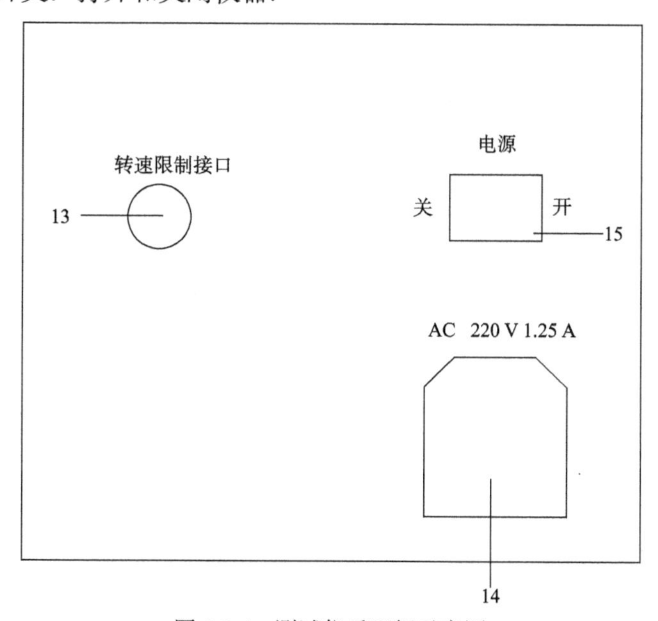

图 1.3.6　测试仪后面板示意图

【各部分仪器的连接方法】

将各部分仪器安装摆放好后，根据实验仪上的标识使用配套的连接线将各部分仪器装置连接起来. 其连接方法为：

用适当的连接线将测试仪的“压力信号输入”“T_1/T_2输入”和“转速/转角信号输入”三个接口与热机底座上对应的三个接口连接起来；

用一根 Q_9 线将主机测试仪的压力信号和双踪示波器的 Y 通道连接，再用另一根 Q_9 线将主机测试仪的体积信号和双踪示波器的 X 通道连接(智能型热机测试仪)；

用 1394 线将主机测试仪的通信接口和热机通信器相连，再用 USB 线和计算机 USB 接口连接；热机测试仪配有计算机软件，将热机与计算机相连，可在计算机上显示压力与体积的实时波形，p-V 图，并显示温度、转速、p-V 图面积等参数(微机型热机测试仪)；

用两芯的连接线将主机测试仪后面板上的“转速限制接口”和电加热器电源后面板上的“转速限制接口”连接起来；

用鱼叉线将电加热器电源的“输出接线柱”和电加热器的“输入电压接线柱”连接起来，黑色线对黑色接线柱，黄色线对红色接线柱，而在电加热器上的两个接线柱不需要区分颜色，可以任意连接.

【实验内容及步骤】

用手顺时针拨动飞轮，结合图 1.3.1 仔细观察热机循环过程中工作活塞与位移活塞的运动情况，切实理解空气热机的工作原理.

根据测试仪面板上的标识和仪器介绍中的说明，将各部分仪器连接起来，开始实验. 将加热电压加到第 11 挡(36 V 左右). 等待 6～10 min，加热电阻丝发红后，用手顺时针拨动飞轮，热机即可运转(若运转不起来，可看看热机测试仪显示的温度，冷热端温度差在 100 ℃以上时易于启动).

减小加热电压至第 1 挡(24 V 左右)，调节示波器，观察压力和体积信号，以及压力和体积信号之间的相位关系等，并把 p-V 图调节到最适合观察的位置. 等待约 10 min，温度和转速平衡后，记录当前加热电压，并从热机测试仪(或计算机)上读取温度和转速，从双踪示波器显示的 p-V 图估算(或计算机上读取)p-V 图面积，记入表 1.3.1 中.

逐步加大加热功率，等待约 10 min，温度和转速平衡后，重复以上测量 4 次以上，将数据记入表 1.3.1.

以 $\Delta T/T_1$ 为横坐标，$nA/\Delta T$ 为纵坐标，在坐标纸上作 $nA/\Delta T$ 与 $\Delta T/T_1$ 的关系图，验证卡诺定理.

注意：该实验无需取下力矩计，只需将旋钮调松即可.

表 1.3.1 测量不同冷热端温度时的热功转换值

加热电压 V	热端温度 T_1	温度差 ΔT	$\Delta T/T_1$	A(p-V 图面积)	热机转速 n	$nA/\Delta T$

在最大加热功率下，用手轻触飞轮让热机停止运转，然后将力矩计装在飞轮轴上，拨动飞轮，让热机继续运转. 调节力矩计的摩擦力(不要停机)，待输出力矩、转速、温度稳定后，读取并记录各项参数于表 1.3.2 中.

保持输入功率不变，逐步增大输出力矩，重复以上测量 5 次以上.

以 n 为横坐标，P_o 为纵坐标，在坐标纸上作 P_o 与 n 的关系图，表示同一输入功率下，输出耦合不同时输出功率或效率随耦合的变化关系.

表 1.3.2　测量热机输出功率随负载及转速的变化关系(输入功率 $P_i=VI=$______)

热端温度 T_1	温度差 ΔT	输出力矩 M	热机转速 n	输出功率 $P_o=2\pi nM$	输出效率 $\eta_{o/i}=P_o/P_i$

表 1.3.1 和表 1.3.2 中的热端温度 T_1、温差 ΔT、转速 n、加热电压 V、加热电流 I、输出力矩 M 可以直接从仪器上读出来，p-V 图面积 A 可以根据示波器上的图形估算得到，也可以从计算机软件直接读出(仅适用于微机型热机测试仪)，其单位为 J；其他的数值可以根据前面的读数计算得到.

示波器 p-V 图的调节及面积的估算方法如下. 根据仪器介绍和说明，用 Q_9 线将仪器上的示波器输出信号和双踪示波器的 X、Y 通道相连，观察两通道波形相位关系，见图 1.3.7，据此理解热机循环过程. 按图 1.3.8 所示调出 p-V 图，先将两通道的电压信号放大倍数均调为 1 倍，再将 X 通道的调幅旋钮旋到“0.1 V”挡，Y 通道的调幅旋钮旋到“0.2 V”挡，

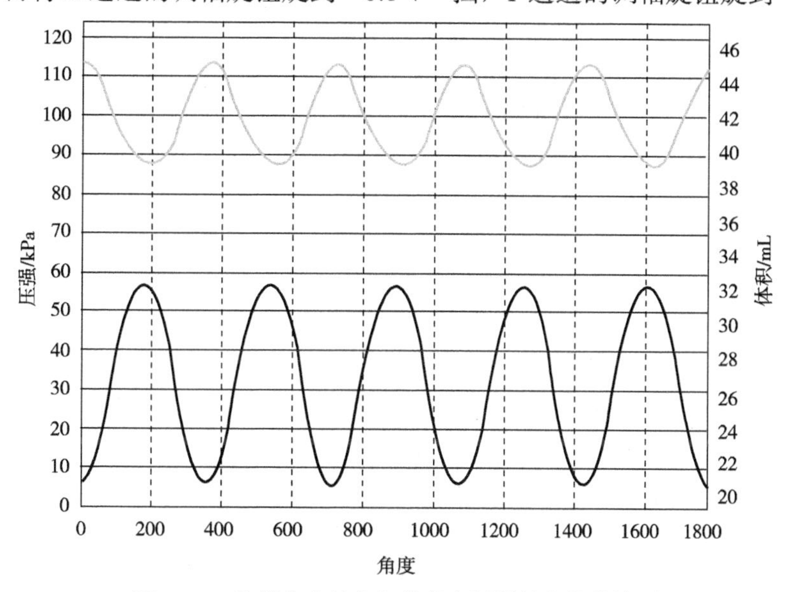

图 1.3.7　热机实验转角与体积和压强的变化曲线图

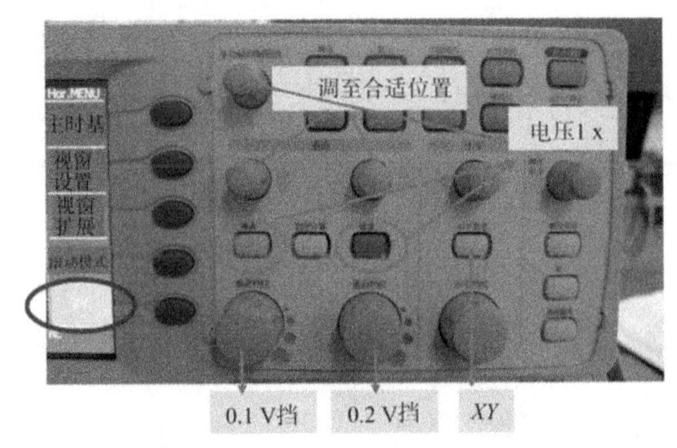

图 1.3.8 *p-V* 图的调出步骤示意图

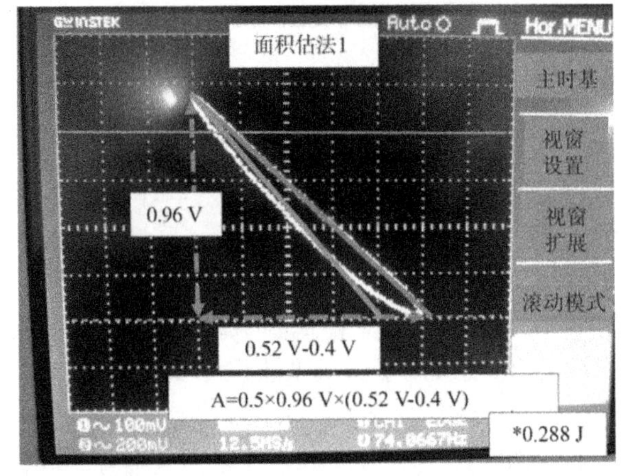

图 1.3.9 *p-V* 图及双三角形割补拟合面积估算法

然后将两个通道都打到交流挡位，并在“*X-Y*”挡观测 *p-V* 图；再调节左右和上下移动旋钮，可以观测到比较理想的 *p-V* 图，见图 1.3.9. 据图 1.3.7 所示，利用双三角形割补拟合法求取 *p-V* 图面积，单位为“V^2”. 根据体积 *V*，压强 *p* 与输出电压的关系，可以换算为焦耳.

体积(*X* 通道)： $1\,V=1.333\times10^{-5}\,\text{m}^3$，压力(*Y* 通道)：$1\,V=2.164\times10^{4}\,\text{Pa}$，则$1\,V^2=0.288\,\text{J}$

【注意事项】

(1)加热端在工作时温度很高，而且在停止加热后 1 h 内仍然会有很高温度，请小心操作，否则会被烫伤.

(2)热机在没有运转状态下，严禁长时间大功率加热，若热机运转过程中因各种原因停止转动，必须用手拨动飞轮帮助其重新运转或立即关闭电源，否则会损坏仪器.

(3)热机汽缸等部位为玻璃制造，容易损坏，需谨慎操作.

(4)记录测量数据前须保证已基本达到热平衡，避免出现较大误差. 等待热机稳定读数的时间一般在 10 min 左右.

(5)在读力矩的时候，力矩计可能会摇摆，这时可以用手轻托力矩计底部，缓慢放手后可以稳定力矩计，如还有轻微摇摆，读取中间值.

(6)飞轮在运转时，应谨慎操作，避免被飞轮边沿割伤.

(7)热机实验仪上贴的标签不可撕毁，否则保修无效!

【思考题】

为什么空气热机热功转换效率理论上很高，实验实测的效率却很低?

【附录：热气机的发展史】

热气机是伦敦的牧师罗巴特·斯特林(Robert Stirling)于 1816 年发明的，因此也命名为“斯特林发动机”(Stirling engine)(图 1.3.10). 斯特林发动机是独特的热机，因为其实际上的效率几乎等于理论最大效率，称为卡诺循环效率. 斯特林发动机是通过气体受热膨胀、遇冷压缩而产生动力的. 这是一种外燃发动机，可使燃料连续地燃烧，蒸发的膨胀氢气(或氦)作为动力气体使活塞运动，膨胀气体在冷气室冷却，如此反复地进行这样的循环过程.

外燃机有别于依靠燃料在发动机内部燃烧获得动力的内燃机. 燃料在气缸外的燃烧室内连续燃烧，通过加热器传给工质，工质不直接参与燃烧，也不更换.

图 1.3.10

由于外燃机避免了传统内燃机的震爆做功问题，从而实现了高效率、低噪声、低污染和低运行成本. 外燃机可以燃烧各种可燃气体，如天然气、沼气、石油气、氢气、煤气等，也可燃烧柴油、液化石油气等液体燃料，还可以燃烧木材，以及利用太阳能等. 只要热腔达到 700 ℃，设备即可做功运行，环境温度越低，发电效率越高. 外燃机最大的优点是其使用不受气压大小的影响(对内燃机而言气压低会影响进气)，非常适合于高海拔地区使用. 但是，斯特林发动机还有许多问题要解决，如膨胀室、压缩室、加热器、冷却室、再生器等成本高，热量损失是内燃发动机的 2～3 倍等. 所以，还不能成为大批量使用的发动机.

由于热源来自外部，因此发动机需要经过一段时间才能响应用于气缸的热量变化(通过气缸壁将热量传导给发动机内的气体需要很长时间)，而且需要初始动力. 这意味着：

(1)发动机在提供有效动力之前需要时间暖机.

(2)发动机不能快速改变其动力输出.

(3)发动机在运转前需要额外增加起动力，而起动力也需要动能储备.

随着全球能源与环保的形势日趋严峻，热气机由于其具有多种能源的广泛适应性和优良的环境特性已越来越受到重视，所以，在水下动力、太阳能动力、空间站动力、热泵空调动力、车用混合推进动力等方面得到了广泛的研究与重视，并且已得到了一些成功的应用. 热气机推广的三个方向包括：

热电联产充分利用它环境污染小和可使用多种燃料及易利用余热的特点,用于热电联产可取得更高的热效率和经济效率.

四联装余热回收系统

低能级的余热回收利用对燃烧系统稍加改进便可利用工场余热、地热和太阳能进行发电或直接驱动水泵，可取得更大的节能效益.

移动式动力源通过对发动机的小型化和轻量化，并改善其控制性能后，亦可以作为推土机、压路机等车辆的动力.

注意，斯特林发动机的发明时间是 1816 年，是和蒸汽机差不多的古老的发动机，但多年没有引起人们的重视,斯特林发动机的几个特性是非常适合潜艇的:首先是燃烧连续，由于工质不燃烧，因此没有内燃机的爆震现象，噪声低；其次可以使用任何燃料，其燃烧室在外，燃烧的过程与工质无关，或者说只要有热源、冷源就能工作，无论烧煤烧碳都可以，只要能发热就行.

实验 1.4　冰的熔化热

相变潜热简称潜热，指单位质量的物质在等温等压情况下，从一个相变化到另一个相吸收或放出的热量，这是物体在固、液、气三相之间以及不同的固相之间相互转变时具有的特点之一. 固、液之间的潜热称为熔化热(或凝固热)，液、气之间的潜热称为汽化热(或凝结热)，而固、气之间的潜热称为升华热(或凝华热).

物质从固相转变为液相的相变过程称为熔化. 一定压强下晶体开始熔化时的温度称为该晶体在此压强下的熔点. 对于晶体而言，熔化是组成物质的粒子由规则排列向不规则排列的过程，破坏晶体的点阵结构需要能量，因此，晶体在熔化过程中需吸收能量，但其温度却保持不变. 单位质量物质的某种晶体熔化成为同温度的液体所吸收的能量，叫做该晶体的熔化潜热，简称熔化热.

熔化热的确定，对于相关材料工程有着直接指导意义. 例如，相变蓄热材料是当今蓄热材料研究和应用的主流. 复合相变蓄热材料，在选料时，熔化热是需要考虑的非常重要因素之一.

【实验目的】

(1) 了解热学实验中的基本问题——量热和计温.
(2) 用混合量热法测定冰的熔化热.
(3) 了解粗略修正散热的方法——热量补偿法.
(4) 学习外推法拟合曲线.
(5) 进行实验安排和参量选择.

【实验仪器】

冰箱、0 ℃容器、量热器、物理天平或电子天平、数字温度计(-10.0～100.0 ℃ 一支)、烧杯、停表、冰、冷水、热水、干燥的吸水布.

本实验用量热器组成一个近似绝热的孤立系统，以满足实验所要求的实验基本条件. 量热器的种类很多，因测量的目的、要求、测量精度的不同而异. 本实验采用结构最简单的一种，如图 1.4.1 所示. 它由两个用导热良好的金属(如铜)做成的内筒和外筒相套而成，内筒放在外筒内的绝热支架上，外筒用绝热盖盖住，因此空气与外界对流很小；又因空气是热的不良导体，所以内、外筒间热传导方式传递的热量可减至很小. 同时由于内筒的外壁及外筒的内壁都电镀得十分光亮，它们发射或吸收辐射热的本领变得很小，于是我们进行实验的系统和环境之间因辐射而产生热量的传递也减小. 这样的量热器已经可以使实验系统粗略地接近于一个绝热的孤立系统.

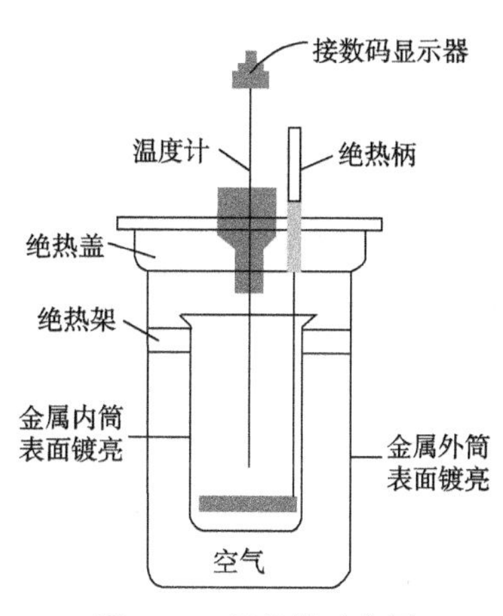

图 1.4.1　量热器示意图

【实验原理】

1. 混合量热法测量冰熔化热的原理

在一定压强下，晶体熔化时的温度称为熔点. 单位质量的晶体熔化为同温度的液体时所吸收的热量，称为熔化潜热，也称熔化热 L. 不同的晶体有不同的熔化热.

采用量热学实验的基本方法——混合量热法. 它所依据的原理是，在绝热系统中，某一部分所放出的热量等于其余部分所吸收的热量.

在上式中，水的比热容 C_0 为 4.18×10^3J/(kg・℃),内筒、搅拌器和温度计都是铝制的，其比热容 $C_1=C_2=C_3=896\times10^3$J/(kg・℃).

将 M 克 0(℃)的冰投入盛有 m(g) T_1(℃)水的量热器内筒中. 设冰全部熔化为水后平衡温度为 T_2(℃)，若量热器内筒、搅拌器和温度计的质量分别为 m_1、m_2 和 m_3，其比热容分别为 C_1、C_2 和 C_3，水的比热容为 C_0，则根据混合量热法所依据的原理，冰全部熔化为同温度(0 ℃)的水及其从 0 ℃升到 T_2(℃)过程中所吸收的热量等于其余部分从温度 T_1(℃)降到 T_2(℃)时所放出的热量，即

$$ML+M(T_2-0)C_0=(mC_0+m_1C_1+m_2C_2+m_3C_3)(T_1-T_2) \tag{1.4.1}$$

由此可得冰的熔化热为

$$L=\frac{1}{M}(mC_0+m_1C_1+m_2C_2+m_3C_3)(T_1-T_2)-T_2C_0 \tag{1.4.2}$$

式中，水的比热容 C_0 为 4.18×10^3 J/(kg·℃)，内筒、搅拌器和温度计都是铜制的，其比热容 C_1=C_2=C_3=0.389×10^3 J/(kg·℃).

2. 实验过程中的散热修正

前已指出，必须在系统与外界绝热的条件下进行实验. 为了满足此条件，我们应该从实验装置、测量方法和实验操作等方面尽量减少热交换. 但是，由于实际上往往很难做到与外界完全没有热交换，因此，必须研究如何减少热量交换对实验结果的影响.

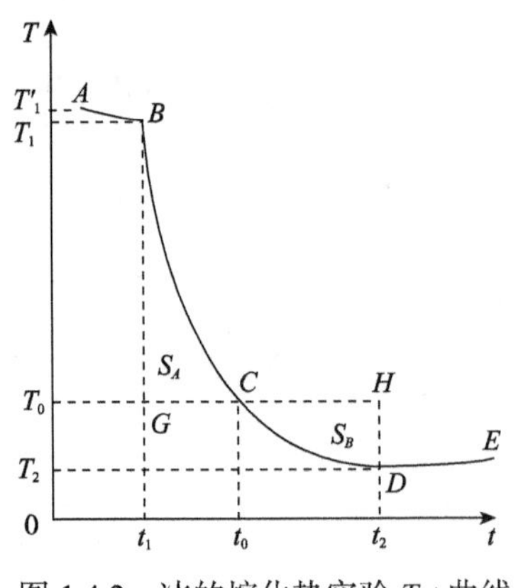

图 1.4.2 冰的熔化热实验 T-t 曲线

设图 1.4.2 所示的温度-时间曲线是在进行冰的熔化热实验过程中绘制的，T_1' 为水的初温，它较环境温度 T_0 高，因此，在投入冰块之前，由于向外界散热，水温也随时间而缓慢降低，如 AB 段所示. 与 B 点相应的温度为 T_1，它就是投入冰块时水的温度. 在刚投入冰块时，水温高，冰的有效面积大，熔化快，因此系统温度 T 降低较快，如 BC 段所示；随着冰的不断熔化，冰块逐渐变小，水温逐渐降低，冰熔化就慢，水温的降低变缓慢，如 CD 段所示. D 点的温度为 T_2，它是冰块和水混合后的最低平衡温度. 此后，由于系统从外界吸热，水温缓慢升高，如 DE 段所示.

牛顿冷却定律指出，当系统与环境的温差不大(不超过 10～15 ℃)时，系统温度的变化率与温差成正比，其数学式为

$$\frac{\mathrm{d}T}{\mathrm{d}t}=k'(T-T_0) \tag{1.4.3}$$

式中，T 为系统的温度，T_0 为环境的温度，k' 为散热系数，只与系统本身的性质有关. 设系统的热容为 C，并注意到 $\mathrm{d}Q=C\mathrm{d}T$，于是，式(1.4.3)可改写为

$$\frac{\mathrm{d}Q}{\mathrm{d}t}=Ck'\left(T-T_0\right)=k\left(T-T_0\right) \tag{1.4.4}$$

式中，$k=k'C$，也是常数.

根据式(1.4.4)，实验过程中，即系统温度从 T_1 变为 T_2 这段时间(t_1～t_2)内，系统与环境间交换的热量为

$$\begin{aligned} Q&=\int_{t_1}^{t_2}k(T-T_0)\mathrm{d}t \\ &=k\int_{t_1}^{t_0}(T-T_0)\,\mathrm{d}t+k\int_{t_0}^{t_2}(T-T_0)\mathrm{d}t \end{aligned} \tag{1.4.5}$$

前一项 $T-T_0>0$，系统散热，后一项 $T-T_0<0$，系统吸热，两积分对应于图 1.4.2 中面积

$$S_A=\int_{t_1}^{t_0}(T-T_0)\mathrm{d}\,t\,,\qquad S_B=\int_{t_0}^{t_2}(T-T_0)\mathrm{d}\,t$$

由此可见，S_A 与系统向外界散失的热量成正比，即有 $Q_{散}=kS_A$；S_B 与系统从外界吸收的热量成正比，即有 $Q_{吸}=kS_B$. 因此，只要 $S_A\approx S_B$，系统对外界的吸热和散热就可以相互抵消，这叫热量补偿法.

要使 $S_A\approx S_B$，就必须使$(T_1-T_0)>(T_0-T_2)$，究竟 T_1 和 T_2 应取多少，或(T_1-T_0)：(T_0-T_2)应取多少，要在实验中根据具体情况调整选择.具体做法是要进行多次实验，而且在做完某次实验并绘制出 T-t 曲线后，根据 S_A 和 S_B 的面积判断出下一次实验应如何改变 T_1 和 T_2. 如此反复多次，就能找出最佳的初温 T_1 和末温 T_2.

上述这种使散热与吸热相互抵消的做法，往往要经过若干次试验，才能获得比较好的效果.

由于系统与环境温差越大，热传导越快，时间越长，传递热量越多；所以，要求系统与环境温差尽可能小，实验过程尽可能短.

3. 实验参数选取的经验参考

(1)水的初温可取比室温高 10～15 ℃，水的质量取量热器内胆容量的 2/3 左右.

(2)经验公式

$$\frac{T_2-\theta}{\theta-T_1}\approx\frac{10}{3} \tag{1.4.6}$$

【实验内容与步骤】

1. 冰的制备

将冰从冰箱取出后置于 0 ℃的容器中，过一段时间再取出并用干布揩干其表面的

水后可作为待测的样品(把冰拿出来，开始熔化的时候就是 0 ℃了，这就是冰点，温度是恒定的).

2. 合理选择各个参数的数值

在做实验时可以适当选择数值的参量有：水的质量 m、冰的质量 M、始温 T_1 及末温 T_2. 在做第一次实验时，T_1 可比环境温度高 10～15 ℃，水的体积约为量热器内容积的 3/2 左右，放入的冰块必须能全部被水淹没，使冰尽快熔化.若末温太低，第二次实验时为了提高末温，可以减少冰块的质量，也可以增加水的质量或提高始温.应该注意，末温不能选得太低，以免内筒外壁出现凝结水而改变其散热系数.

3. 冰的熔化热的测定

(1) 用物理天平分别称出量热器内筒和搅拌器的质量 m_1、m_2 及水的质量 m，温度计的质量 m_3 在其上面已标明.

(2) 从放入冰块前三四分钟开始测温，每隔 0.5 min 测一次温度，读取 6～8 个数据；记下放入冰块的时刻，放入冰块后每隔 10 s 测一次水温，目的是尽量在对应图 1.4.2 的 BC 段多测出几个数据；在温度达到最低温度后，继续测温五六分钟，每隔 0.5 min 测一次，读取 10～12 个数据.

应该注意，为使温度计读数确实代表所要测量的系统的温度，整个实验过程要不断轻轻地进行搅拌.

(3) 利用上述数据在坐标纸上绘出 T-t 曲线，用外推法确定投冰时的水温 T_1，参照图 1.4.2 的散热修正方法，尽可能准确地估算 S_A 和 S_B 面积，若相差太大，则应调整各参量的数值，重新做实验. 若基本相等，则可转到下一步骤.

(4) 测量包括搅拌器、水及放入的冰块在内的量热器内筒总质量，并测量冰块的质量 M.

(5) 由式(1.4.2)算出冰的熔化热及作出标准不确定度的评定.

【数据处理】

1. 理论常量

水的比热容：$C_0=4.18\times10^3$ J/(kg · ℃)

铜的比热容：$C_1=C_2=C_3=0.896\times10^3$ J/(kg · ℃)

2. 测量数据记录

表 1.4.1 用物理天平称衡各质量 (单位：$\times10^{-3}$ kg)

m_1(内筒)	m_2(搅拌器)	m_3(温度计)	m_1+m(水)	m_1+m+M(冰)

表 1.4.2　放冰前后水温 T 随时间 t 变化的数据(室温：________)

放冰前(每隔 0.5 min 测温一次)									
n(次)	0	1	2	3	4	5	6	7	8
T/℃									
放冰后到最低温度 T_2(每隔 10 s 测温一次)(放冰时刻：________)									
n/序	9	10	11	12	13	14	15	16	17
T/℃									
达最低温度后(每隔 0.5 min 测温一次)									
n/序	18	19	20	21	22	23	24	25	26
T/℃									

4. 根据测量数据画出 T-t 图(要用坐标纸作图)

5. 计算测量结果及其不确定度

【预习思考题】

(1)本实验中的“热学系统”是由哪些部分组成的？

(2)热传递有几种方式？量热器结构上是如何防止热传递的？

(3)混合量热法所依据的原理是什么？我们应从哪几个方面考虑来尽量满足混合量热法所要求的条件？

(4)在实验中，为什么要进行散热修正？它是根据什么定律进行的？具体操作要调整哪些参量？怎样调整？其中参量 T_1 有什么要求？

【思考题】

(1)根据本实验装置以及操作的具体情况，分析误差产生的主要因素有哪些？

(2)冰块投入量热器内筒时，若冰块外面附有水，将对实验结果有何影响(只需定性说明)？

(3)整个实验过程中为什么要不停地轻轻搅拌？分别说明投冰前后搅拌的作用.

(4)试分析若系统从外界吸收的热量大于向外界散失的热量(图 1.4.2 中的 $S_B>S_A$)，将使 L 的结果偏大还是偏小？

实验 1.5　用双电桥测低电阻

用惠斯通电桥可以测量 10～100 kΩ 的电阻，而用它来测量 1 Ω 以下的低电阻，由于导线电阻和接点处的接触电阻存在，测量误差就很大．例如，导线电阻和接触电阻之和达 0. 001 Ω 左右，所测低电阻为 0.01 Ω，则其影响可为 10%；若所测低电阻为 0.001 Ω 以下，则无法得出测量结果了．为了减小误差，对惠斯通电桥进行改进而发展成双电桥，又称为开尔文电桥．一般可以测量 10^{-5}～1 Ω 之间的电阻.

【实验目的】

(1) 了解双臂电桥测低电阻的原理和方法.

(2) 了解单臂电桥和双臂电桥的关系与区别.

(3) 测出所给样品的电阻值和电阻率.

【实验仪器】

QJ-19A 型单双臂直流电桥(图 1.5.1)、LM1719A 型直流稳压电源、AC15A 型检流计、标准电阻 0.001 Ω、直流安培计、滑线变阻器、待测铜 1、铜 2、铁棒、换向开关、螺旋测微器、游标尺、导线等.

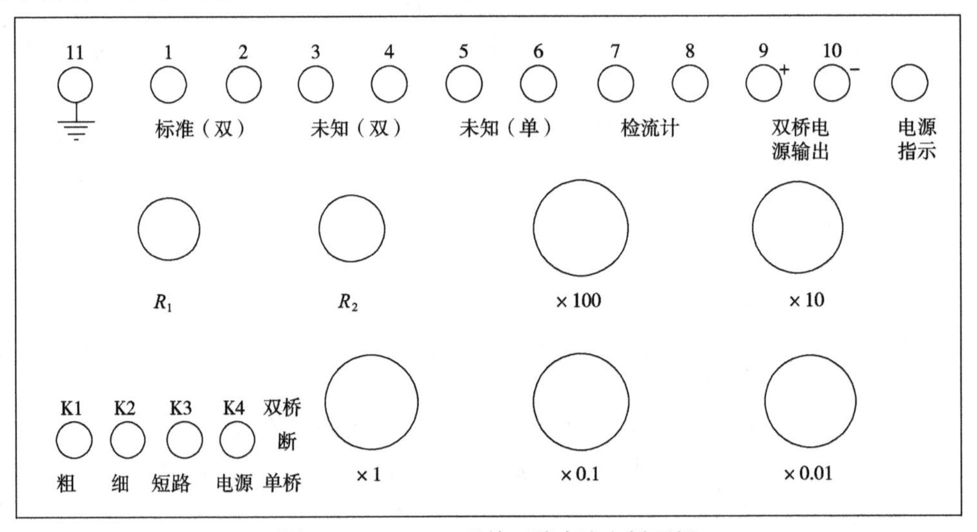

图 1.5.1　QJ-19A 型单双臂直流电桥面板

【实验原理】

考察接线电阻和接触电阻对低值电阻测量结果的影响．图 1.5.2 为测量电阻 R_x 的电路，考虑电流表、毫伏表与测量电阻的接触电阻后，等效电路如图 1.5.3 所示．由于毫伏表内阻 R_g 远大于接触电阻 R_{i3} 和 R_{i4}，所以由 $R=V/I$ 得到的电阻是 $(R_x+R_{i1}+R_{i2})$．当待测电阻 R_x 很小时，不能忽略接触电阻 R_{i1} 和 R_{i2} 对测量结果的影响.

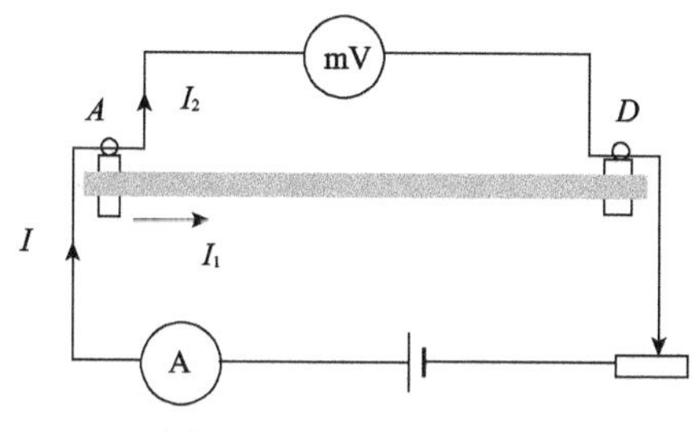

图 1.5.2 测量电阻的电路图

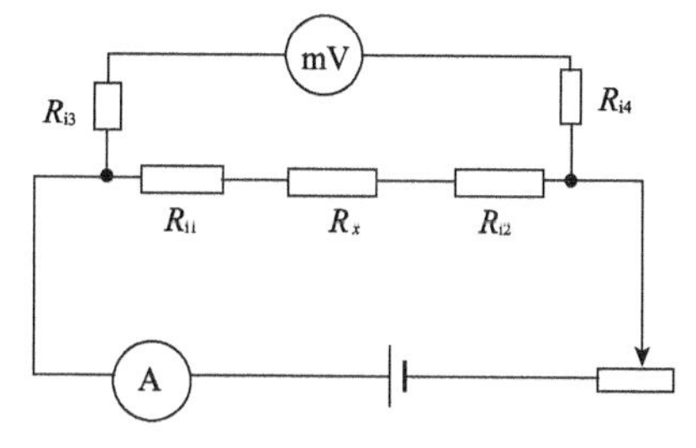

图 1.5.3 等效电路图

为消除接触电阻的影响，接线方式改成四端钮方式，如图 1.5.4 所示. A、D 为电流端钮，B、C 为电压端钮，等效电路如图 1.5.5 所示. 此时毫伏表上测得电压为 R_x 的电压降，由 $R_x = V/I$ 即可准确计算出 R_x.

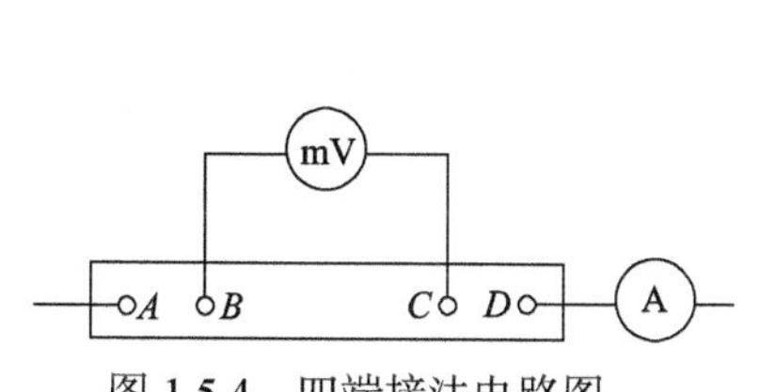

图 1.5.4 四端接法电路图

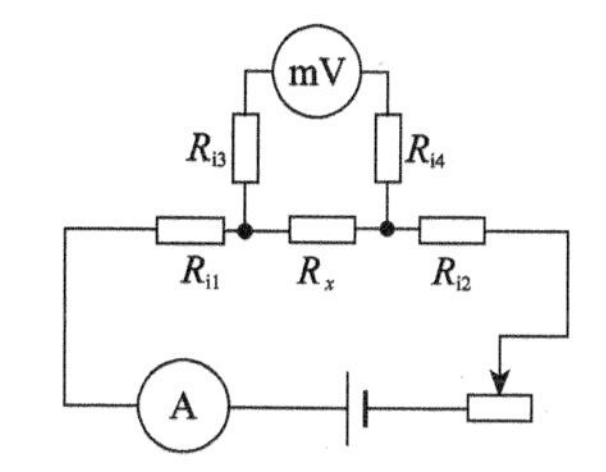

图 1.5.5 四端接法等效电路

把四端接法的低电阻接入原单臂电桥，演变成图 1.5.6 所示的双臂电桥，标准电阻 R_N 和被测电阻 R_x 都备有一对“电流接头”，如 R_N 的 C_{N_1} 和 C_{N_2}，R_x 的 C_{x_1} 和 C_{x_2}，同时还备有一对“电势接头”，R_N 的 P_{N_1} 和 P_{N_2}，R_x 的 P_{x_1} 和 P_{x_2}，R_x 和 R_N 用一根粗短导线 r 连接起来，并和电源组成一闭合回路. 在它们的“电势接头”上分别与桥臂电阻 R_1、R_2、R_3、R_4 相连接. 图 1.5.7 是图 1.5.6 的等效电路，分别用 r_1、r_2、r_3、r_4、r_1'、r_2' 表示接触电阻和接线电阻之和. 其中 r_3、r_4 分别并入 R_3、R_4(几百欧姆)中. r_1、r_2 分别并入 R_1、R_2(大电阻)中，r'、r'' 并入粗导线的电阻 r 中，r_1'、r_2' 都并入电源 E 的支路的电阻值中.

当电桥达到平衡时，通过检流计的电流 $I_G=0$，A、C 两点电势相等，则可得下列方程

$$
\begin{aligned}
I(R_1+r_1) &= I_x R_x + I_3(R_3+r_3) \\
I(R_2+r_2) &= I_x R_N + I_3(R_4+r_4) \\
(I_x - I_3)r &= I_3(R_3+R_4+r_3+r_4)
\end{aligned}
\tag{1.5.1}
$$

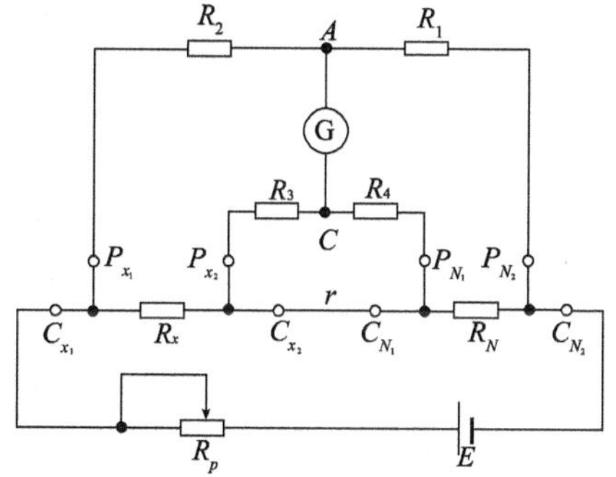

图 1.5.6 双臂电桥测量原理

G. 检流计；E. 直流电源；R_1、R_2、R_3、R_4. 桥臂电阻；R_N. 标准电阻；R_x. 被测电阻；R_p. 调节电阻；C. 电源接头；P. 电势接头

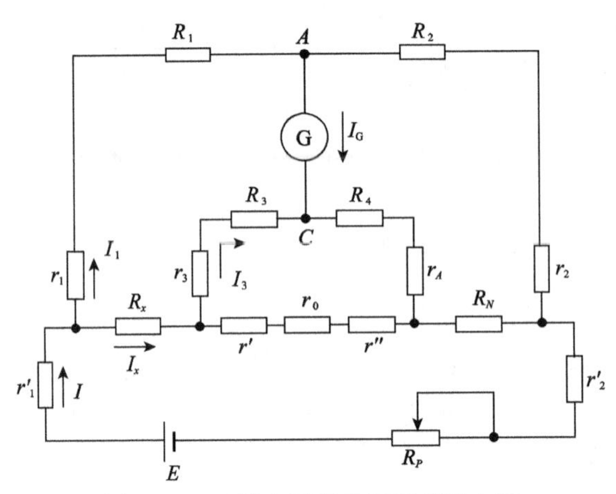

图 1.5.7 双臂电桥测量原理等效电路

因为 $R_1 \gg r_1$、$R_2 \gg r_2$、$R_3 \gg r_3$、$R_4 \gg r_4$，方程可简化为

$$\begin{aligned} IR_1 &= I_x R_x + I_3 R_3 \\ IR_2 &= I_x R_N + I_3 R_4 \\ (I_x - I_3) r &= I_3 (R_3 + R_4) \end{aligned} \tag{1.5.2}$$

解方程组得

$$R_x = \frac{R_1}{R_2} R_N + \frac{rR_1}{R_3 + R_4 + r} \left(\frac{R_4}{R_2} - \frac{R_3}{R_1} \right) \tag{1.5.3}$$

在制造电桥时，使电桥在调节平衡的过程中，总保持 $R_3/R_1 = R_4/R_2$，那么式(1.5.3)中包括有 r 的部分总可等于零，则被测电阻 R_x 由下式求得

$$R_x = \frac{R_1}{R_2} R_N \tag{1.5.4}$$

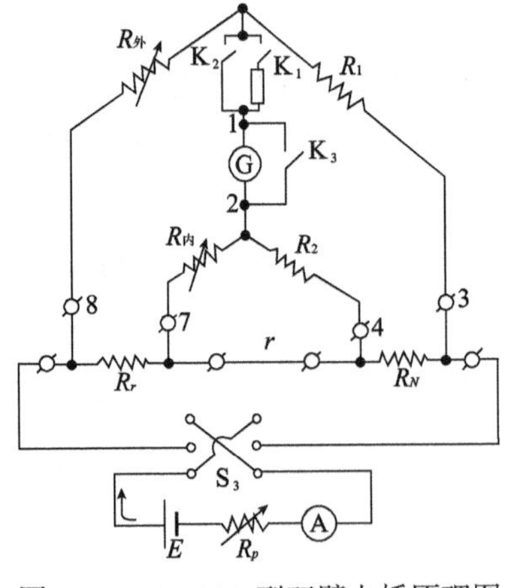

图 1.5.8 QJ-19A 型双臂电桥原理图

S_3. 外接换向开关；A. 外接安培计；R_p. 外接变阻器；E. 外接直流电源；r. 外接粗短导线；G. 外接检流计；R_r. 外接被测电阻；R_N. 外接标准电阻

本实验使用QJ-19A型单双臂两用电桥的双臂电桥测低阻，可测量 10^{-5}～$10^{2}\Omega$ 的电阻，其电路图如图1.5.8所示，它是根据上述原理做成的，其中 $R_外$、$R_内$ 与图1.5.2中 R_1、R_3 相对应，故由图1.5.4可得

$$R_x = \frac{R_外}{R_1} R_N + \frac{rR_外}{R_内 + R_2 + r} \left(\frac{R_2}{R_1} - \frac{R_内}{R_外} \right) \tag{1.5.5}$$

制造电桥时，设计了可调节 $R_2 = R_1$，R_2、R_1 都在仪器面板上，$R_外$、$R_内$ 采用两个机械联动的转换开关，同时调节它们的数值，使得 $R_内 = R_外 = R$，R 也在仪器面板上，其倍率分别为 $\times 100$，$\times 10$，$\times 1$，$\times 0.1$，$\times 0.01$，选择所组成的总电阻由于保持 $R_2 / R_1 = R_内 / R_外$，故式(1.5.5)中包含有 r 的项便等于零，被测电阻 R_x 就由下式决定

$$R_x = \frac{R_{外}}{R_1} R_N = \frac{R_N}{R_1} R \tag{1.5.6}$$

或

$$R_x = \frac{R_N}{R_2} R$$

利用双电桥测低电阻，能够排除或减小接线电阻和接触电阻对测量结果的影响，原理阐述如下：

(1) 被测电阻 R_x 和标准电阻 R_N 之间的接线电阻与电流接头 C_{x_2}、C_{N_2} 的接触电阻 r''、r' 都并入电阻 r 中，由式(1.5.3)看出，只要保证 $R_3 / R_1=R_4 /R_2$，不管 r 为何值，包含电阻 r 的项总是等于零，这样就排除了这部分接线电阻和接触电阻对测量结果的影响，但实际上由于受到指零仪——检流计的灵敏度限制，实际上对 r 有些影响. 因此，在双臂电桥上，r 的数值要求尽量小(≤0. 001 Ω)，连接导线 r 选用粗导线，尽量短.

(2) R_x 和 R_N 与电源连接的接线电阻，以及 C_x、C_{N_1} 的接触电阻 r_1' 和 r_2' 只对总的工作电流 I 有影响，对电桥平衡无影响，故对测量结果的影响被排除.

(3) 电势接头 P_{X_1}、P_{N_1}、P_{X_2}、P_{N_2} 的接线电阻以及接触电阻都分别包括到桥臂支路里. 由于 R_1、R_2、R_3、R_4 都选择在 10 Ω 以上，实验中做到引线电阻应小于 0. 005 Ω，则对测量结果影响可减小，以至排除.

【实验内容及步骤】

1. 测导电用铜棒 1、铜棒 2 的电阻

已知导电用铜电阻率 ρ 为 $0.0179\times10^{-6}\ \Omega\cdot m$，取长为 0.1 m，测出其电阻 R_x.

(1) 用螺旋测微器测铜棒的直径 d(不同位置测 4 次，求 d 的平均值)，用米尺测其两电势接头之间的长度 L，计算出电阻

$$R_{x计} = \rho\times\frac{L}{S} = \rho\frac{4L}{\pi d^2}$$

式中，ρ 为电阻率，以 Ω·m 为单位；L 以 m 为单位；d 以 mm 为单位.

(2) 按图 1.5.9 连接好电路；将检流计零点调好.

(3) 根据 $R_{x计}$ 的数值，由表 1.5.1 确定 $R_1 = R_2$ 和 R_N 的数值，并由式(1.5.6)确定 R 的数值，按照 R_1、R_2、R 的数值在仪器上分别调好.

(4) 调节稳压电源，使输出电压为 5 V，调节变阻器使 $I = 3$ A 左右.

(5) 测量时可变电阻器先放在电阻最大位置，K_4 开关拨向“双桥”位置，合上电流换向开关，按下 K_1(粗)检流计开关，调节测量盘电阻 R 使 G 指零，再按下 K_2(细)，继续调节测量盘 R 使检流计准确指零，电桥平衡.

2. 按上述分别测出工业用铜棒、铁棒的电阻和电阻率

为计算 $R_{x计}$ 的需要，粗略地取 $\rho_{铁}=0.1\times10^{-6}\ \Omega\cdot m$，$\rho_{铜}=0.0179\times10^{-6}\ \Omega\cdot m$. 记录表格自拟.

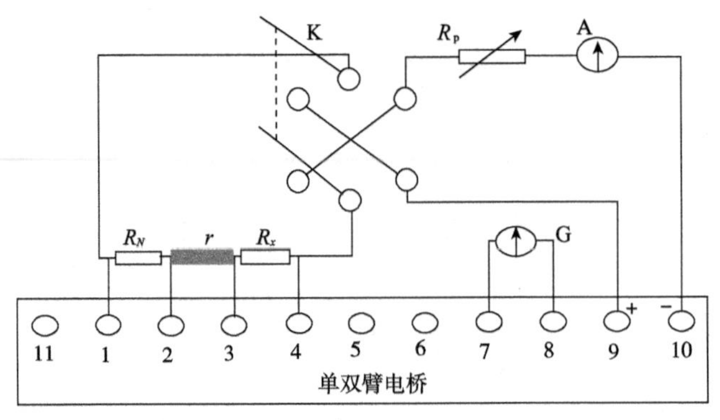

图 1.5.9

表 1.5.1

R_x/Ω		R_N	$(R_1=R_2)/\Omega$
起	止		
10	100	10	100
1	10	1	100
0.1	1	0.1	100
0.01	0.1	0.01	100
0.001	0.01	0.001	100
0.0001	0.001	0.001	1000
0.00001	0.0001	0.001	1000

【注意事项】

(1) 电势接头之间的长度要测得准确，接头要注意接触良好，否则测得数据(R 值)涨落较大，误差大.

(2) R_x 与 R_N 之间电流接头的连接 r 粗而短.

(3) 电流 $I=3$ A 左右，不得大于很多，并且通电时间要短，按 K_2 测试后，应断开 K，避免连线，电阻棒变阻器发热.

(4) 对 R_x 值要有估算，避免检流计因电流过大而烧坏. K_2 要瞬时按下，目的是保护检流计.

【思考题】

(1) 双臂电桥与惠斯通电桥有哪些异同?

(2) 双臂电桥怎样消除附加电阻的影响?

(3) 电桥的灵敏度是否越高越好，为什么?

实验 1.6　电表的改装与校准

【实验目的】

1. 掌握电流表、电压表的构造原理和校准方法.
2. 训练线路连接和实验操作技能.

【实验仪器】

微安表(表头 0～100μA，内阻 R_g≈1KΩ)、LM1719A 直流稳压电源、DM-V_4数字电压表、DM-A_3数字电流表、ZX21 型电阻箱、滑线变阻器、开关、导线若干.

【实验原理】

测量电流和电压，需要各种量程的安培表和伏特表，这些安培表和伏特表一般都是由小量程的电表(俗称表头)并联或串联一定大小的电阻改装成的. 实际上，在生产和科学实验中所使用的安培表、伏特表和万用表都是由表头改装而成的.

1. 将表头改装为电流表

(1) 表头的满度电流(即量程) I_g 很小，只能通过微安级或毫安级的电流，要测量较大电流，就需要扩大电流量程，即在表头两端并联电阻 R_1，如图 1.6.1 所示.

使超过表头量程的那部分电流(I-I_g)从 R_1 流过，由表头的 R_1 组成的整体(虚线框内)是量程为 I 的电流表. R_1 称为分流电阻. 由并联电路电压相等.

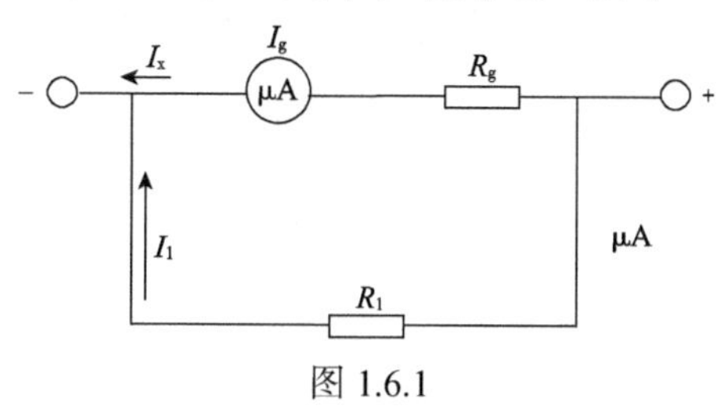

图 1.6.1

即

$$I_g R_g = I_1 R_1'$$
$$I_x = I_g + I_1$$

解此联立方程得

$$I_x = \frac{R_1' + R_g}{R_1'} I_g \tag{1.6.1}$$

表头的量程 I_g 和内阻 R_g 由实验室给定(事先测出)，由所需改装量程 I 的大小代入(1.6.1)式，便可算出 R_1 大小. 改装表的内阻则为：

$$R_{内} = R_g \cdot R_1 / (R_1 + R_g) \tag{1.6.2}$$

改装多量程的电流表，采用闭路抽头式分流电路，是在表头上同时串、并联电阻来实现. 如图 1.6.2 所示为三个量程的表流表. 当改装表量程为 I_1 时，分流电阻为 $R_1+R_2+R_3$，当量程为 I_2 时，其分流电阻为 R_2+R_3，这时 R_1 变为与表头串联，表头支路电阻为 R_g+R_1.

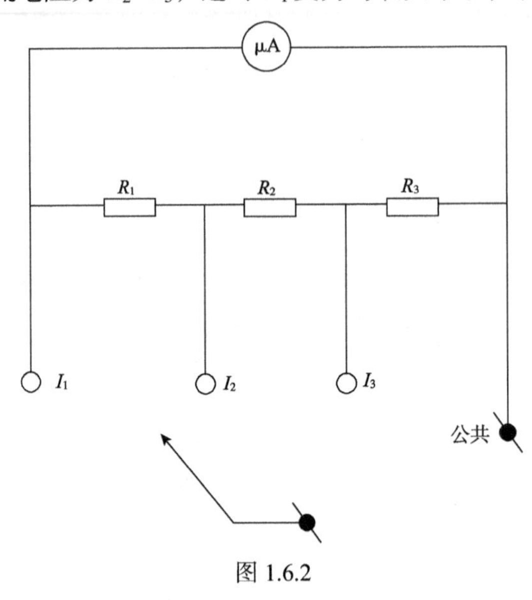

图 1.6.2

2. 将表头改装为电压表

表头的满度电流为 I_g，其内阻为 R_g，则表头的满度电压变 $V_g=I_g\times R_g$，V_g 即是表头作为电压表的量程，这量程是很小的，为了测量较大电压，故需要扩大量程. 设需改装量程为 V 的伏特表，由于表头只允许通过最大电流为 I_g，则必须进行分压，即使表头串联一个分压电阻 R_2，将表头不能承受的那部分电压 $V-I_g\times R_g$ 降落在 R_2 上面，故

$$V_g=V-I_gR_g=I_gR_2 \tag{1.6.2}$$

如图 1.6.3 所示. 因此，表头和串联分压电阻组成的整体就是改装后量程为 V 的伏特表. I_g、R_g 由实验室给出(事先测定)，根据所需电压表量程 V 的大小，由(1.6.2)式可算出分压电阻 R_2. 伏特表的内阻 $R_{内}=R_g+R_2$.

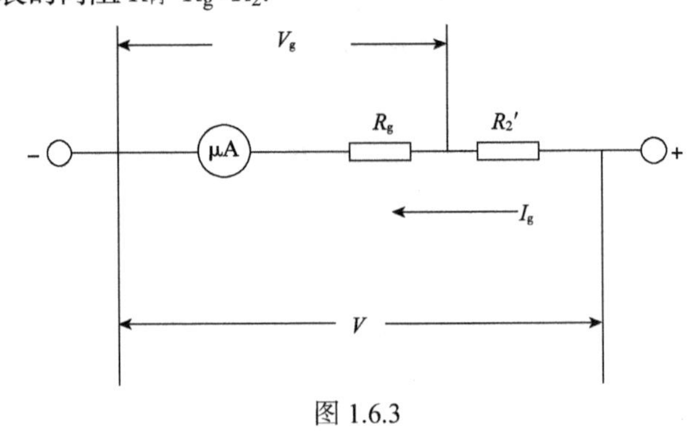

图 1.6.3

多量程的电压表是在表头上串联若干个电阻，分压电阻 R_2 不同，量程不同.

3. 欧姆表改装原理

欧姆表原理性电路如图 1.6.4 所示，当待测电阻 R_x 接入测试端 a 和 b 时，流过电流表的电流为

$$I_x = \frac{E}{R_{并} + R_2 + R_x} \tag{1.6.3}$$

其中

$$R_{并} = \frac{R_g * R_1}{R_g + R_1} \tag{1.6.4}$$

式中：E 为恒压源电压；R_g 为电流表内阻；R_1 为改变电流表量程的电阻；R_2 为限流电阻. E、R_g、R_1、R_2 给定后，I_x 仅由 R_x 决定.

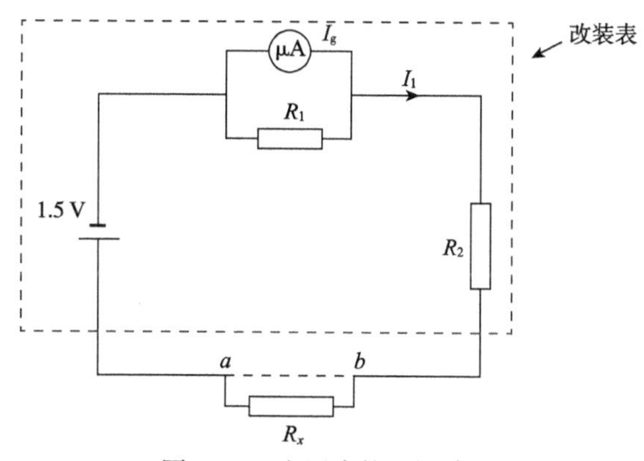

图 1.6.4　电阻表校准设计图

当 R_x =0 时，选择 R_2 数值使电流表满偏，即

$$I_g = \frac{E}{R_{并} + R_2} \tag{1.6.5}$$

当 $R_x = R_{并} + R_2, I_x = \frac{I_g}{2}$ 时，电流表指针指向刻度线的中点，习惯上用 $R_{中}$ 表示 $R_{并} + R_2$，称之为欧姆表的中值电阻式，于是，式(1.6.5)可以写为

$$I_g = \frac{E}{R_{中}} \tag{1.6.6}$$

式(1.6.6)是改装欧姆表的基本公式，E 一般选用 1.5 V 干电池，根据对 $R_{中}$ 的要求，由式(1.6.6)可求出 I_g，由此可选择合适的电流表做表头，以及限流电阻 R' 数值. 例如，改装一个 $R_{中}$=1500 Ω 的欧姆表，则 $I_g = 1.5\ \text{V} / 1500\ \Omega = 1\ \text{mA}$，因此需改装量程为 1 mA 的电流表做为欧姆表的表头. 微安表表头是 100 μA，则放大倍数 n=1 mA/100 μA=10，所以 $R_1 = \frac{R_g}{n-1} = \frac{1000}{10-1} = 111.1\ \Omega$. 可以得到设计量程为 1 mA 的电流表内阻 $R_{并}$ 为

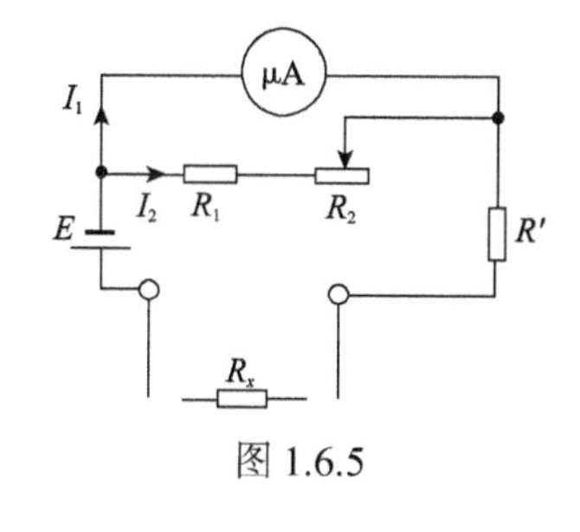

图 1.6.5

$$R_{并}=\frac{R_g * R_1}{R_g+R_1}=\frac{1000*111.1}{1000+111.1}=100\ \Omega\ .$$

$$R_2 = R_{中} - R_{并} =1400\ \Omega\ .$$

4. 电表的标称误差、校准和等级确定

标称误差指的是电表的读数和准确值的差异,它包括了电表的构造上各种不完善的因素所引入的误差. 最大绝对误差除以量程即为电表标称误差($K\%$).

$$\frac{\text{最大绝大绝对}}{\text{量程}}\times 100\% = K\% \tag{1.6.7}$$

式中 K 表示电表的准确度等级.

校准:改装的电表必须经过校准后才能使用. 将电表和一个标准电表同时测量一定的电流(或电压),称为校准. 校准时先校零点,再校满度(即量程),然后按该量程校其各个刻度,得到各个刻度的误差(即改装表读数与标准表读数之差)并找出其中最大的误差,取其绝对值,按(1.6.7)式计算电表的标称误差. 并作校准曲线,即以刻度的误差为纵坐标,以改装表的刻度读数为横坐标,将数据点用直线连接即得校准曲线(为拆线状).

改装表准确度等级的确定:电表准确度等级按国家规定分为七级,即 0.1、0.2、0.5、1.0、1.5、2.5、5.0(或 4.0)级. 如果所使用的表头是 1.5 级,则要求改装表的最大绝对误差<1. 5%×量程,即改装表的标称误差<1. 5%这时可定为 1.5 级,如果达不到,则改装表应降为 2. 5 级,如果改装表误差很小,也不能提高电表的级别,仍作 1. 5 级.

标准表选择:根据国家检定规程规定,当标准表的误差与被校准表误差之比小于 1/3 时,则标准表的误差可忽略,故有 K 标/K 改<1/3. 若要求改装表达到 2.5 级,则标准表应选 0.8 级以上,故选取 0.5 级表为标准表. 因此,标准表等级宜高不宜低,否则达不到要求.

【实验内容和要求】

(一)将一个 1.5 级表头改装成量程为 10 mA 的电流表,并校准及定出其等级,画出校准曲线.

1. 图 1.6.6 为改装电流表的校准电路图. 调节限流电阻 R_1 为 140 欧左右以使电流不至于过大而烧坏标准毫安表.

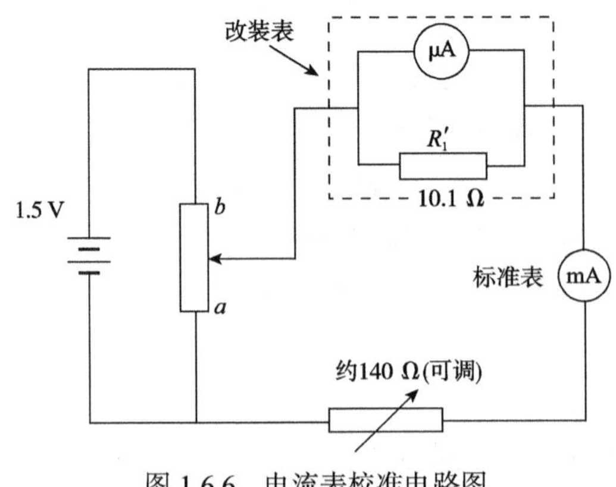

图 1.6.6 电流表校准电路图

2. 根据实验室给定的 R_g 值，计算分流电阻 R_1，调节电阻箱阻值等于 R_1，并与表头并联组成电流表，按图 1.6.6 连接好校准电路，并使滑线变阻器(分压器)的 a 处于安全位置(即分压最小)，注意线路中电表的极性不能接错(应如何连接？请在图上标出).

3. 校准零点和量程通电前，检查 μA 表和标准表的电表零点，若不指零，应调其机械零点(在面板上)使其指针指零. 此即为零点校准，检查电路连接无误，接通电源，调节滑线变阻器 C，使改装表指示满度，这时看标准表正好达满度，若后者不一致时应如何调节 R_1？一致后记录 R_1 的值，此即为 R_1 的实验值.

4. 校刻度，按改装表的刻度调节读数 11 个点(包括零点和满度)(具体点见记录表格)，使电流由满度逐次减少到零(即上行)并记下标准表相应的读数，然后，从零逐次到满度(即上行)重复一遍，产记录标准表的读数. 记录表格如表 1.6.1.

(二)将一个 1. 5 级的表头改装成量程为 2 V 的电压表，并校准、定级和作出校准曲线.(方法、步骤、记录表格与(一)类同)

校准改装电压表线路如图 1.6.7 所示.

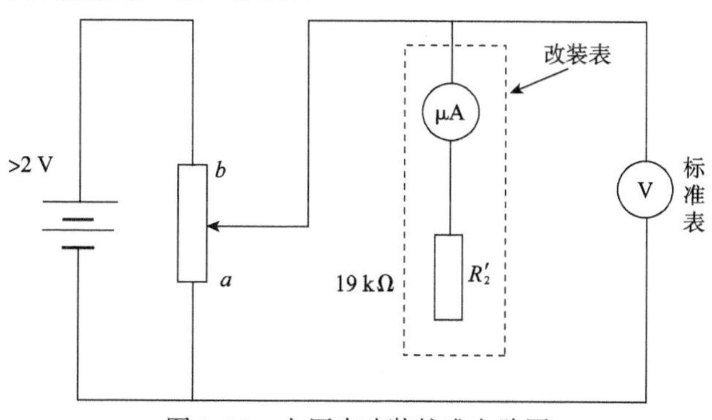

图 1.6.7　电压表改装校准电路图

表 1.6.1　电流表改装数据记录

R_1 计算值________Ω，μA 表级别__________，标准表级别___________，
R_1 实际值________Ω，μA 表量程__________，标准表量程___________，

被校表读数 $I_{校}$ 或(×0.1mA)	标准表读数 I(mA) 下行	上行	平均	误差 $\Delta I = I - I_{校}$ (mA)
0.00				
10.00				
20.00				
30.00				
40.00				
50.00				
60.00				
70.00				
80.00				
90.00				
100.00				

表 1.6.2 电压表改装数据记录

R_2计算值________Ω，微安表量程_________μA，标准电压表量程__________，
R_2实际值________Ω，微安表级别__________，标准电压表级别__________，

被校表读数 $V_{校}$	标准表读数 V(V)			误差$\Delta V=V-V_{校}$ (V)
或(×0.02V)	下行	上行	平均	
0.00				
10.00				
20.00				
30.00				
40.00				
50.00				
60.00				
70.00				
80.00				
90.00				
100.00				

(三)数据处理

1. 分别计算 R_1、R_2 的计算值与实际值的百分误差.
2. 分别计算出 ΔI、ΔV 误差值，并计算电表的标称误差，定出改装表的等级.
3. 分别作出改装表的校准曲线.

【注意事项】

1. 对电表进行校正时，要注意保护各仪表，防止因电压过高、短路烧坏仪表.
2. 改装成毫安表时，并联分路的电阻必须自小到大进行调整，并保证接触良好.
3. 改装成电压表时，串联的阻值应由大到小进行调整，防止短路.
4. 校正曲线是折线，并应作在坐标纸上.

【思考题】

1. 能否把本实验用的表头改装成 50 μA 的微安表或 0. 1 V 的伏特表?
2. 为什么校准时需要把电流(或电压)从大到小做一遍，又从小到大做一遍?
3. 试画出你所设计的万用电表的总电路图(选做).

【历史小知识】

1. 乔治·西蒙·欧姆(Georg Simon Ohm，1787～1854 年德国物理学家)根据 1821 年施魏格尔和波根多夫发明了一种原始的电流计为基础,巧妙地利用电流的磁效应设计了一个电流扭秤. 用一根扭丝挂一个磁针，让通电的导线与这个磁针平行放置，当导线中有电流通过时,磁针就偏转一定的角度,由此可以判断导线中电流的强弱了. 他把自己制作的电

流计连在电路中，并创造性地在放磁针的度盘上划上刻度,以便记录实验的数据.

2. 威廉·爱德华·韦伯在电磁学上的贡献是多方面的. 他为了进行研究，他发明了许多电磁仪器. 1841 年发明了既可测量地磁强度又可测量电流强度的绝对电磁学单位的双线电流表；1846 年发明了既可用来确定电流强度的电动力学单位又可用来测量交流电功率的电功率表；1853 年发明了测量地磁强度垂直分量的地磁感应器. 韦伯在建立电学单位的绝对测量方面卓有成效. 他提出了电流强度、电量和电动势的绝对单位和测量方法；根据安培的电动力学公式提出了电流强度的电动力学单位；还提出了电阻的绝对单位. 韦伯与柯尔劳施合作测定了电量的电磁单位对静电单位的比值，发现这个比值等于 3×10^8m/s，接近于光速.

实验 1.7　光 栅 衍 射

【实验目的】

(1) 观察光栅衍射现象.
(2) 用光栅衍射测定汞原子光谱的波长.
(3) 进一步学会调整使用分光计.

【实验仪器】

低压汞灯、分光计、光栅等.

【实验原理】

光栅是由大量等间距的平行狭缝组成的，一般制作在一块透明的光学玻璃的表面. 利用透射光工作的光栅称透射光栅，而利用反射光工作的光栅，称为反射光栅. 若光栅的透光部分宽度为 a，不透光部分宽度为 b，则

$$d = a + b \tag{1.7.1}$$

d 称为光栅常数，常见的光栅每厘米宽度刻有数千条刻痕.

当一束波长为 λ 的单色平行光垂直照射一光栅常数为 d 的光栅时，即发生衍射现象. 若在光栅后置一透镜，在透镜的焦平面将出现一系列的明条纹. 这是由于光波通过光栅的每一狭缝，均发生衍射. 来自每一狭缝，其衍射角为 θ 的各衍射光(即偏离原方向角度为 θ 的各衍射光)，经过透镜后聚焦于平面上的同一点 P，相互干涉，如图 1.7.1 所示. 根据光栅衍射理论可知，只有当衍射角 θ 满足下述条件时，才能形成明纹.

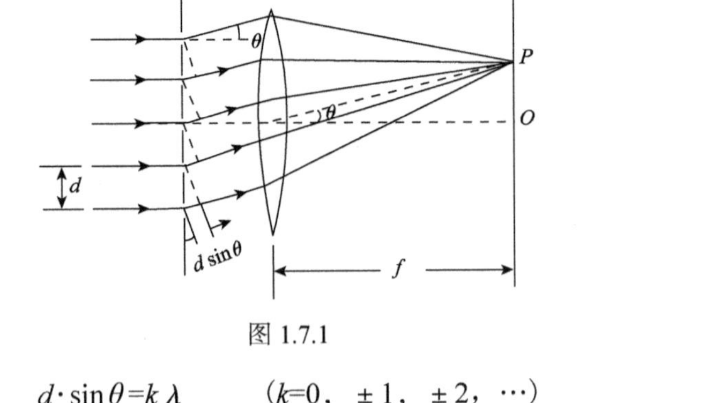

图 1.7.1

$$d \cdot \sin\theta = k\lambda \qquad (k=0, \ \pm 1, \ \pm 2, \ \cdots) \tag{1.7.2}$$

式(1.7.2)即为光垂直入射的光栅衍射公式. 其中，d 为光栅常数；λ 为单色光波长；k 为衍射条纹级数；θ 为 k 级明纹所对应的衍射角.

由式(1.7.2)可知，在光栅常数 d 一定的情况下，对同一级明纹(k 一定)，衍射角 θ 的大小与波长有关. 因此，当入射光为各种不同波长的光组成的复色光时，除零级明纹外，

各色光因衍射角各不相同将各自分开，形成衍射光谱；波长λ越大，θ也越大，形成的条纹偏离中央零级明条纹越远. 因此只要测得某一级明条纹中各色光相对应的衍射θ就可由式(1.7.2)算出各色光的波长.

本实验就是要利用光栅衍射现象来分析汞灯所发出的复色光是由哪些单色光组成，并用光栅衍射公式测定这些单色光的波长.

【实验步骤】

(1)按《大学物理实验(第三版)(上册)》实验 2.16“分光计的调试及测三棱镜的折射率”调整好分光计

(2)将低压汞灯对准平行光管的狭缝位置使它均匀地照射在狭缝上

(3)测量衍射角

1)首先使平行光垂直地入射到光栅上.

①将望远镜对准平行光管，并且使得目镜中的十字准线的垂直线处在狭缝像的中间位置.

②把光栅装好，如图 1.7.2 所示正确放置在载物台上，先用目视法使光栅平面和平行光管轴线大致垂直. 然后以光栅面作为反射面，左右慢慢地移动载物台，使得亮十字落在十字准线的上垂直线上. 调好后，固定载物台，并调节载物台水平调节螺钉，使亮十字水平线与分划板上十字水平线重合. 这样，平行光管射出的平行光就能垂直照射在光栅上. 否则，式(1.7.2)将不适用.

2)分别依次测出各种波长的衍射谱线和中心零级明纹的角位置.

①测量时，可将望远镜移至最左端，从左向右，依次测出黄 1、黄 2、绿、青、蓝、紫、中央明纹、紫、蓝、青、绿、黄 2、黄 1 等谱线的位置.

②为使叉丝精确对准光谱线，必须使用望远镜微动螺钉来对准.

③为消除分光计刻度的偏心误差，测量每一条谱线时，两个游标都要读数，然后取其平均值.

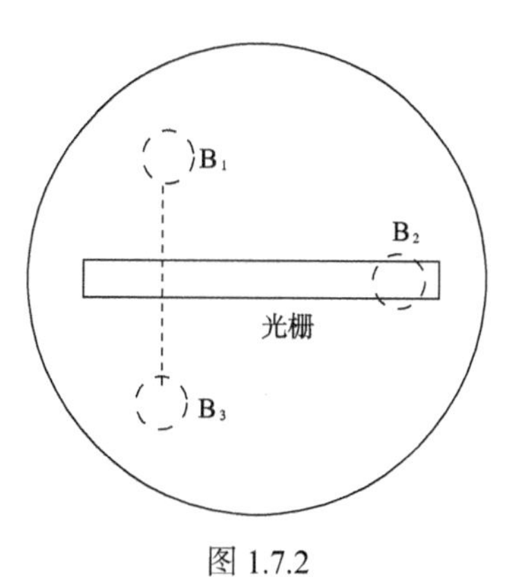

图 1.7.2

3)求出各衍射角θ，各谱线坐标读数与中心相应坐标读数相减，并求出 ± 1 级各谱线衍射角的平均值.

4)将各色光衍射角的平均值代入式(1.7.2)求各衍射谱线的波长.

【数据记录】

原始实验数据均记录在表 1.7.1，根据算出的各衍射角，由式(1.7.2)计算出各谱线的波长，并与下面各标准值相比较，求出百分误差. 根据表 1.7.2 计算波长的不确定度. 各种谱线波长的标准值为

$\lambda_{黄1}$=579.1 nm，$\lambda_{黄2}$=577.0 nm，$\lambda_{绿}$=546.1 nm，$\lambda_{青}$=491.6 nm，$\lambda_{蓝}$=435.8 nm，$\lambda_{紫}$=404.7 nm. 本实验中光栅常数$d=1/300\,\text{mm}$.

表 1.7.1

条纹 k			+1				0			−1			
谱线	黄 1	黄 2	绿	青	蓝	紫	中央明	紫	蓝	青	绿	黄 2	黄 1
左游标													
右游标													
衍射角													

表 1.7.2

σ_A (A 类不确定度)
$\Delta_{仪}$ (分光计刻度盘最小刻度的一半) $\sigma_B = \frac{\Delta_{仪}}{\sqrt{3}}$ $\sigma = \sqrt{\sigma_A + \sigma_B}$ $\theta = \frac{\theta_{左} + \theta_{右}}{2} + \sigma$ $\lambda = d\sin\theta / k$

【注意事项】

(1) 不允许用手触及光栅表面,也不能用擦镜纸或脱脂棉去揩拭. 不得对着光栅讲话,以防唾沫溅到光栅上.

(2) 汞灯的衍射比较弱, 注意细心观察. 读取分光计上衍射角时, 应看清楚弯游标上的刻度, 注意不能读错.

(3) 汞灯点亮后, 需预热几分钟才能正常工作, 熄灭后要冷却几分钟才能再启动. 因此汞灯一经点亮, 就不要轻易熄灭.

【思考题】

(1) 如何正确调节分光计, 使平行光管出射的平行光垂直入射到光栅上?

(2) 衍射角 $\overline{\theta}$ 如何求出?

【历史知识】

(1) 光的衍射效应最早是由弗朗西斯科 ·格里马第 (Francesco Grimaldi) 于 1665 年发现并加以描述, 他也是"衍射"一词的创始人. 这个词源于拉丁语词汇 diffringere, 意为"成为碎片", 即波原来的传播方向被"打碎"、弯散至不同的方向. 格里马第观察到的现象直到 1665 年才被发表, 这时他已经去世. 他提出: "光不仅会沿直线传播, 折射和反射, 还能够以第四种方式传播, 即通过衍射的形式传播. "

(2) 菲涅耳衍射场指的是光源-衍射屏、衍射屏-接收屏之间的距离均为有限远，或其中之一为有限远的场合，或者说，球面波照明时在有限远处接收的是菲涅尔衍射场. 例如，圆孔衍射、圆屏衍射菲涅耳衍射、泊松亮斑.

(3) 夫琅禾费衍射场指的是衍射屏与两者的距离均是无限远的场合，或者说，平面波照明时在无穷远处接收的是夫琅禾费衍射场. 概略地看，菲涅耳衍射是近场衍射，而夫琅禾费衍射是远场衍射. 不过，在成像衍射系统中，与照明用的点光源相共轭的像面上的衍射场也是夫琅禾费衍射场，此时，衍射屏与点光源或接收屏的距离在现实空间看，都是很近的.

(4) 1818 年，法国科学院举行了一次征文比赛，题目是“利用实验判定光的衍射”，并且根据实验推导出当光线通过物体附近时的运动状况. 菲涅耳提交的一篇论文采用了横波观点，加以严密的数学推理，合理地解释了光的衍射、偏振现象. 但是数学家泊松是粒子论者，他强烈反对光的波动说，不相信菲涅耳的结论，并对其进行了严格审阅. 他用数学方法计算得出结论：如果光是一种波，当光照在一个圆盘上时，在阴影中间就会相应出现一个亮斑. 影子里怎么可能出现亮斑呢？泊松觉得非常荒谬，其实在当时其他任何人看来也是很可笑的. 后来菲涅耳当众进行了实验，大家发现在圆盘阴影的正中间奇迹般地出现了一个亮斑，所有人都惊呆了. 泊松本想打击光的波动学说，却阴差阳错提供机会再次证明了光的波动性，光的粒子说开始崩溃. 圆盘阴影中央的亮点，则被误导性地称为“泊松亮斑”. 菲涅耳最终得到了评委们的一致肯定而捧获比赛的大奖，同时他也一夜成名，成为在光学界可与牛顿、惠更斯齐名的传奇人物. 但是，菲涅耳并没有就此停在功劳簿上，他又继续开创性地假设光是一种横波，成功地用横波理论解释了偏振现象. 鉴于他在光的波动理论领域的巨大贡献，菲涅耳被誉为“物理光学之父”.

实验 1.8 光电效应

光电效应是指一定频率的光照射在金属表面时会有电子从金属表面逸出的现象. 光电效应实验对于认识光的本质及早期量子理论的发展，具有里程碑式的意义.

在 18 世纪，斯托列托夫发现负电极在光的照射下会放出带负电的粒子，形成光电流，光电流的大小与入射光强度成正比，光电流实际是在照射开始时立即产生，无需时间上的积累. 1899 年，汤姆逊测定了光电流的荷质比，证明光电流是阴极在光照射下发射出的电子流. 1900 年，勒纳德用在阴阳极间加反向电压的方法研究电子逸出金属表面的最大速度，发现光源和阴极材料都对截止电压有影响，但光的强度对截止电压无影响，电子逸出金属表面的最大速度与光强无关，勒纳德因在这方面的工作获得 1905 年的诺贝尔物理奖.

光电效应的实验规律与经典的电磁理论是矛盾的，包括勒纳德在内的许多物理学家，提出了种种假设，企图在不违反经典理论的前提下，对上述实验事实做出解释，但都过于牵强附会，经不起推理和实践的检验. 1900 年，普朗克在研究黑体辐射问题时，先提出了一个符合实验结果的经验公式，其中引入了能量子的概念，首次提出量子假说. 爱因斯坦以他惊人的洞察力，最先认识到量子假说的伟大意义并予以发展. 1905 年，在其著名论文《关于光的产生和转化的一个试探性观点》中写道："在我看来，如果假定光的能量在空间的分布是不连续的，就可以更好的理解黑体辐射、光致发光、光电效应以及其它有关光的产生和转化的现象的各种观察结果. 根据这一假设，从光源发射出来的光能在传播中将不是连续分布在越来越大的空间之中，而是由一个数目有限的局限于空间各点的光量子组成，这些光量子在运动中不再分散，只能整个的被吸收或产生. "作为例证，爱因斯坦由光子假设得出了著名的光电效应方程，解释了光电效应的实验结果，从而获得诺贝尔奖.

作为第一个在历史上实验测得普朗克常数的物理实验，光电效应的意义是不言而喻的.

【实验目的】

(1) 了解光电效应的规律，加深对光的量子性的理解.

(2) 测量普朗克常量 h.

【实验原理】

光电效应的实验原理如图 1.8.1 所示. 入射光照射到光电管阴极 K 上，产生的光电子在电场的作用下向阳极 A 迁移构成光电流，改变外加电压 U_{AK}，测量出光电流 I 的大小，即可得出光电管的伏安特性曲线.

光电效应的基本实验原理如下：

(1) 对于某一频率，光电效应的 I-U_{AK} 关系如图 1.8.2 所示. 从图中可见，对一定的频率，有一电压 U_0，当 $U_{AK} \leqslant U_0$ 时，电流为零，也就是这个负电压产生的电势能完全抵消了由于吸收光子而从金属表面逸出的电子的动能. 这个相对于阴极的负值阳极电压 U_0，被称为截止电压.

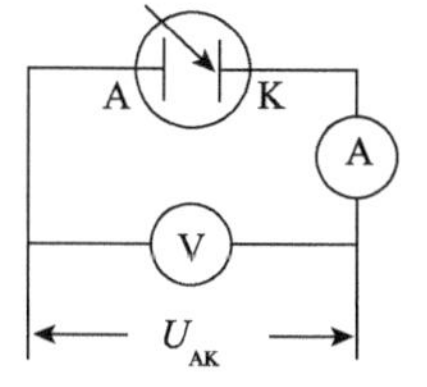

图1.8.1 实验原理图

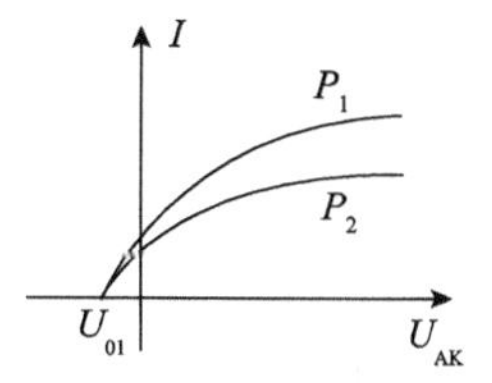

图1.8.2 同一频率,不同光强时光电管的伏安特性曲线

(2)当 $U_{AK} \geqslant U_0$ 后，电势能不足以抵消逸出电子的动能，从而组件产生电流 I. I 迅速增加，然后趋于饱和，饱和光电流 I_M 的大小与入射光的强度 P 成正比.

(3)对于不同频率的光，由于它们的光子能量不同，赋予逸出电子的动能不同. 显然，频率越高的光子，其产生逸出电子的能量也越高，所以截止电压的值也越高，如图1.8.3所示.

(4)截止电压 U_0 与频率 ν 的关系图如图1.8.4所示，U_0 与 ν 成正比关系. 显然，当入射光频率低于某极限值 ν_0(ν_0 随不同金属而异)时，不论光的强度如何，照射时间多长，都没有光电流产生.

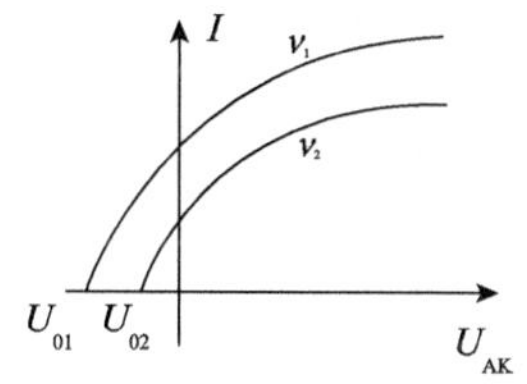

图1.8.3 不同频率时光电管的伏安特性曲线

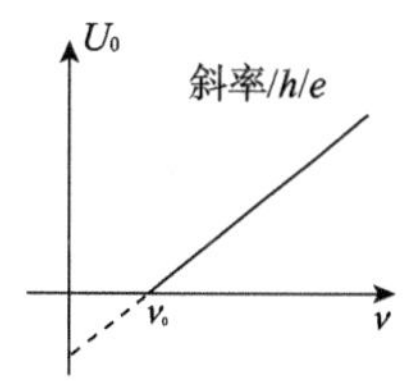

图1.8.4 截止电压 U_0 与入射光频率 ν 的关系图

(5)光电效应是瞬时效应. 即使入射光的强度非常微弱，只要频率大于 ν_0，在开始照射后立即有光电子产生，所经过的时间至多为 10^{-9} s的数量级.

说明：实际中，反向电流并不为零. 图1.8.2、图1.8.3中从零开始，是因为反向电流极小，仅为 $10^{-13} \sim 10^{-14}$ 数量级，所以坐标上反映不出来.

按照爱因斯坦的光量子理论，光能并不像电磁波理论所想象的那样，分布在波阵面上，而是集中在被称为光子的微粒上，但这种微粒仍然保持着频率(或波长)的概念，频率为 ν 的光子具有能量 $E=h\nu$，h 为普朗克常数. 当光子照射到金属表面上时，一次为金属中的电子全部吸收，而无需积累能量的时间. 电子把这能量的一部分用来克服金属表面对它的吸引力，余下的就变为电子离开金属表面后的动能，按照能量守恒原理，爱因斯坦提出了著名的光电效应方程

$$h\nu = \frac{1}{2}mv_0^2 + A \tag{1.8.1}$$

式中，A 为金属的逸出功，$\frac{1}{2}mv_0^2$ 为光电子获得的初始动能，v_0 为最大速度，m 为光电子的质量，ν 为光的频率，h 为普朗克常数.

由式(1.8.1)可见，入射到金属表面的光频率越高，逸出的电子动能越大，所以即使阳极电位比阴极电位低也会有电子落入阳极形成光电流，直至阳极电位低于截止电压，光电流才为零，此时有关系

$$eU_0 = \frac{1}{2}mv_0^2 \tag{1.8.2}$$

阳极电位高于截止电压后，随着阳极电位的升高，阳极对阴极发射的电子的收集作用越强，光电流随之上升；当阳极电压高到一定程度，已把阴极发射的光电子几乎全收集到阳极，再增加 U_{AK} 时 I 不再变化，光电流出现饱和，饱和光电流 I_M 的大小与入射光的强度 P 成正比.

光子的能量 $h\nu_0 < A$ 时，电子不能脱离金属，因而没有光电流产生. 产生光电效应的最低频率(截止频率)是 $\nu_0 = A/h$.

将式(1.8.2)代入式(1.8.1)可得

$$eU_0 = h\nu - A \tag{1.8.3}$$

此式表明截止电压 U_0 是频率 ν 的线性函数，直线斜率 $k=h/e$. 只要用实验方法得出不同的频率对应的截止电压，求出直线斜率，就可算出普朗克常数 h.

爱因斯坦的光量子理论成功地解释了光电效应的规律.

【仪器介绍】

ZKY-GD-4 智能光电效应(普朗克常数)实验仪. 仪器由汞灯及电源、滤色片、光阑、光电管、智能实验仪构成. 仪器结构如图 1.8.5 所示，实验仪的调节面板如图 1.8.6 所示. 实验仪有手动和自动两种工作模式，具有数据自动采集、存储，实时显示采集数据，动态显示采集曲线(连接普通示波器，可同时显示 5 个存储区中存储的曲线)，及采集完成后查询数据的功能.

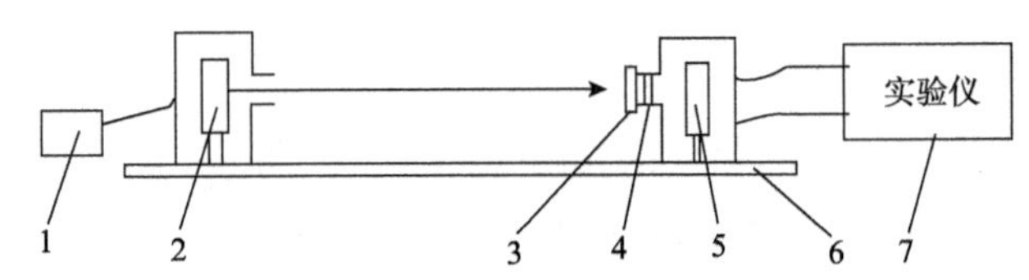

图 1.8.5 仪器结构示意图

1. 汞灯电源；2. 汞灯；3. 滤色片； 4. 光阑；5. 光电管；6. 基座；7. 实验仪.

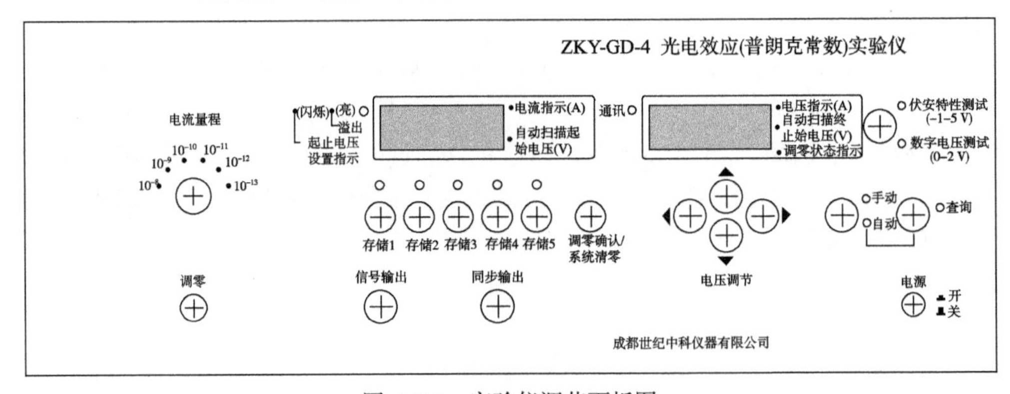

图 1.8.6 实验仪调节面板图

【实验内容及步骤】

1. 测普朗克常数(以 400 mm 距离，4 mm 光阑为例)

1)准备工作

(1)将汞灯及光电管暗箱用遮光盖盖上，接通实验仪及汞灯电源，预热 20 min.

(2) 调整光电管与汞灯距离为 400 mm 并保持不变.

(3) 用专用连接线将光电管暗箱电压输入端与实验仪电压输出端连接起来(红—红，蓝—蓝).

(4) 调零：将光电管暗箱电流输出端 K 与实验仪微电流输入端断开(断开实验仪一端). “电流量程”置于 10^{-13} 挡位(光电管工作情况与其工作环境、工作条件密切相关，可能置于其他挡位)，调节“调零”旋钮，将电流大小调为 0.

注：调零时，必须将光电管暗箱电流输出端 K 与实验仪微电流输入端断开，且必须断开连线的实验仪一端.

(5) 将断开的电流输入连接起来，按“调零确认/系统清零”键，系统进入测试状态.

2) 测量

a.手动

(1) 按“手动/自动”键将仪器切换到手动模式.

(2) 打开光电管遮光盖，将 4 mm 的光阑及 365.0 nm 的滤光片安装在光电管暗箱光输入口上，打开汞灯遮光盖.

注：先安装光阑及滤光片后打开汞灯遮光盖.

(3) 由高位到低位调节电压(←，→调节位，↑，↓调节值的大小). 寻找电流为零时的电压值，以其绝对值作为 U_0 的值，记录到表 1.8.1 中.

(4) 依次更换 404.7 nm，435.8 nm，546.1 nm，577.0 nm 的滤光片，重复步骤(2).

注：更换滤光片时需盖上汞灯遮光盖.

(5) 测试结束.

b.自动

(1) 按“手动/自动”键将仪器切换到自动模式.

(2) 此时电流表左边指示灯闪烁，表示系统处于自动测量扫描范围设置状态，用电压调节键设置扫描起始电压和扫描终止电压.

注：显示区左边设置起始电压，右边设置终止电压.

建议扫描范围：365 nm，−1.90～−1.50 V；405 nm， −1.80～−1.15 V，436 nm，−1.5～−0.805 V；546 nm，−0.80～−0.40 V；577 nm，−0.85～−0.25 V.

(3) 设置好后，按动相应的存储区按键，右边显示区显示倒计时 30 s. 倒计时结束后，开始以 4 mV 为步长自动扫描，此时右边显示区显示电压，左边显示区显示相应电流值.

(4) 扫描完成后，“查询”指示灯亮，用电压调节键改变电压，读取电流为零时的电压值，以其绝对值作为 U_0 的值，记录到表 1.8.1 中.

(5) 按“查询”键，查询指示灯灭，此时系统回复到扫描范围设置状态，可进行下一次测试.

(6) 依次换上 404.7 nm，435.8 nm，546.1 nm，577.0 nm 滤光片.

注：更换滤光片时应盖上汞灯遮光盖.

(7) 重复步骤(2)～(6)，直到测试结束.

表 1.8.1 $U_0-\nu$ 关系 (光阑孔 Φ=__mm)

波长 λ_i/nm		365.0	404.7	435.8	546.1	577.0
频率 ν_i /×10^{14}Hz		8.214	7.408	6.879	5.490	5.196
截止电压 U_{0i}/V	手动					
	自动					

3) 数据处理

由表 1.8.1 的实验数据，得出 $U_0-\nu$ 直线的斜率 k，即可用 $h=ek$ 求出普朗克常数，并与 h 的公认值 h_0 比较求出相对误差 $E=\frac{h-h_0}{h_0}$，式中 $e=1.602\times10^{-19}\mathrm{C}$，$h_0=6.626\times10^{-34}\mathrm{J\cdot s}$.

2. 测 $I\text{-}U_{AK}$ 关系

一、不同谱线在同一光阑、同一距离下的伏安饱和特性曲线(以 400 mm 距离，4 mm 光阑为例)

1) 准备工作

(1) 断开光电管暗箱电流输出端 K 与实验仪微电流输入端，将“电流量程”置于 10^{-10} 挡(光电管工作情况与其工作环境、工作条件密切相关，可能置其他挡位)，系统进入调零状态，进行调零.

注：调零时必须把光电管暗箱电流输出端 K 与实验仪微电流输入端断开，且必须断开实验仪一端.

(2) 将电流输入连接起来，按“调零确认/系统清零”键，系统进入测试状态.

2) 测量

a.手动

(1) 按“手动/自动”键将仪器切换到手动模式.

(2) 将 4 mm 的光阑及 365.0 nm 的滤光片安装在光电管暗箱光输入口上，打开汞灯遮光盖.

(3) 按电压值由小到大调节电压(−1～35 V)(←，→调节位，↑，↓调节值的大小)，记录下不同电压值及其对应的电流值到表 1.8.2.

(4) 依次换上 404.7 nm，435.8 nm，546.1 nm，577.0 nm 滤光片，重复步骤(2)～(4).

(5) 测试结束，依据记录下的数据作出 $I\text{-}U_{AK}$ 图像.

b.自动

(1) 按“手动/自动”键将仪器切换到自动模式，换上 435.8 nm 滤光片.

(2) (此时电流表左边指示灯闪烁，表示系统处于自动测量扫描范围设置状态)用电压调节键设置扫描起始电压−1 V 和扫描终止电压 35 V.

(3) 设置好后，按动相应的存储区按键，右边显示区显示倒计时 30 s. 倒计时结束后，开始以 1 V 为步长自动扫描，此时右边显示区显示电压，左边显示区显示相应电流值.

(4) 扫描完成后，“查询”指示灯亮，用电压调节键改变电压，将不同电压值及其对应的电流值记录到表 1.8.2.

(5) 按“查询”键，查询指示灯灭，此时系统回复到扫描范围设置状态，可进行下一次测试.

(6) 依次换上 546.1 nm，577.0 nm 滤光片.

注：更换滤光片时应盖上遮光盖.

(7) 重复步骤 (2) ～ (6)，直到测试结束，依据记录下的数据作出 $I\text{-}U_{AK}$ 图像.

注：使用示波器观察不同谱线在同一光阑、同一距离下的伏安饱和特性曲线时，由于各谱线的特性曲线数据跨度较大，为取得最佳显示效果，建议只做“435.8”“546.1”“577.0”三条谱线的特性曲线进行比较.

二、 测某条谱线在同一光阑、不同距离下的伏安饱和特性曲线和某条谱线在不同光阑、同一距离下的伏安饱和特性曲线与不同谱线在同一光阑、同一距离下的伏安饱和特性曲线的方法类似，只是将改变滤光片改为改变距离或光阑，同时为避免数据溢出，将“电流量程”适当调整即可.

表 1.8.2 $I\text{-}U_{AK}$ 关系　（L=___mm，Φ=___mm）

365.0nm 光阑 4mm	U_{AK}/V	
	$I/\times10^{-11}$A	
404.7nm 光阑 4mm	U_{AK}/V	
	$I/\times10^{-11}$A	
435.8nm 光阑 4mm	U_{AK}/V	
	$I/\times10^{-11}$A	
546.1nm 光阑 4mm	U_{AK}/V	
	$I/\times10^{-11}$A	
577.0nm 光阑 4mm	U_{AK}/V	
	$I/\times10^{-11}$A	

表 1.8.3 $I\text{-}U_{AK}$ 关系　（L=___ mm，Φ=___ mm）

435.8nm 光阑 4mm	U_{AK}/V	
	$I/\times10^{-11}$A	
546.1nm 光阑 4mm	U_{AK}/V	
	$I/\times10^{-11}$A	
577.0nm 光阑 4mm	U_{AK}/V	
	$I/\times10^{-11}$A	

【思考题】

1. 在实验中测得的 $I\text{-}U$ 特性曲线与阴极光电流特性曲线一致吗？请分析

2. 临界截止电压与照度有什么关系？

3. 在用光电效应测定普朗克常量的实验中有哪些误差来源？在实验中是如何减小误差的？你有何建议？

第 2 章　综合设计性实验

实验 2.1　弗兰克-赫兹实验

1913 年，丹麦物理学家玻尔(N. Bohr)根据光谱学的研究、卢瑟福的原子核模型和普朗克、爱因斯坦的量子理论，提出了一个氢原子模型，并指出原子存在的能级. 该模型在预言氢光谱的观察中取得了显著的成功. 根据玻尔的原子理论，原子光谱中的每根谱线表示原子从某一个较高能态向另一个较低能态跃迁时的辐射. 1914 年，德国物理学家弗兰克(J. Franck)和赫兹(G. Hertz)采取慢电子(几个到几十个电子伏特)与单元素气体原子碰撞，观察碰撞后电子发生什么变化. 通过实验测量发现，电子和原子碰撞时会交换某一定值的能量，从而使原子从低能级激发到高能级，直接证明了原子发生跃变时吸收和发射的能量是分立的、不连续的；证明了原子能级的存在；从而证明了玻尔理论的正确，并由此获得了 1925 年诺贝尔物理学奖.

【实验目的】

(1)通过实验测定原子的第一激发电势(即中肯电势)，证明原子能级的存在.

(2)学习使用弗兰克-赫兹实验仪及示波器.

【实验仪器】

弗兰克-赫兹实验仪(图 2.1.1)、示波器.

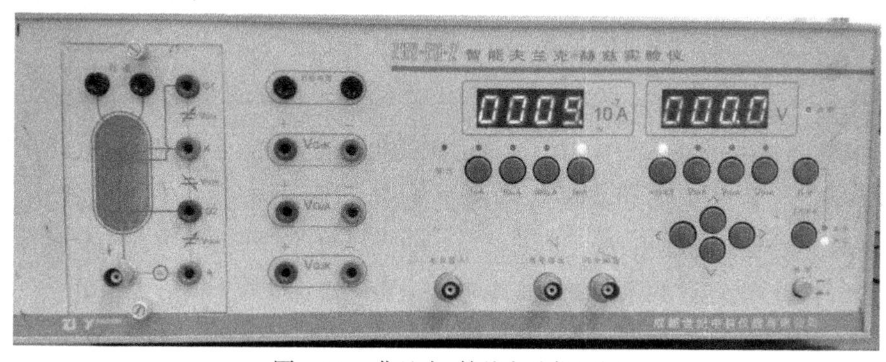

图 2.1.1　弗兰克-赫兹实验仪面板

【实验原理】

玻尔提出的原子理论指出：

(1)原子只能较长时间地停留在一些稳定的状态(简称为定态). 原子在这些状态时，不发射或吸收能量；各定态有一定的能量，其数值是彼此分隔的. 原子的能量不论通过什么方式发生改变，它只能从一个定态跃迁到另一个定态.

(2)原子从一个定态跃迁到另一个定态而发射或吸收辐射时，辐射频率是一定的. 如果用 E_m 和 E_n 代表有关两定态的能量，辐射的频率 ν 决定于如下关系：

$$h\nu = E_m - E_n \tag{2.1.1}$$

式中，普朗克常数

$$h=6.63\times10^{-34}\text{J}\cdot\text{s}$$

为了使原子从低能级向高能级跃迁，可以通过具有一定能量的电子与原子相碰撞进行能量交换的方法来实现.

设初速度为零的电子在电势差为 U 的加速电场作用下，获得能量 eU. 当具有这种能量的电子与稀薄气体的原子(如氩原子)发生碰撞时，就会发生能量交换. 例如，E_1 代表氩原子的基态能量、E_2 代表氩原子的第一激发态能量，那么当氩原子接收从电子传递来的能量恰好为

$$eU_0 = E_2 - E_1 \tag{2.1.2}$$

时，氩原子就会从基态跃迁到第一激发态，而且相应的电势差 U_0 称为氩的第一激发电势(或称氩的中肯电势).

弗兰克-赫兹实验的原理图如图 2.1.2 和图 2.1.3 所示.

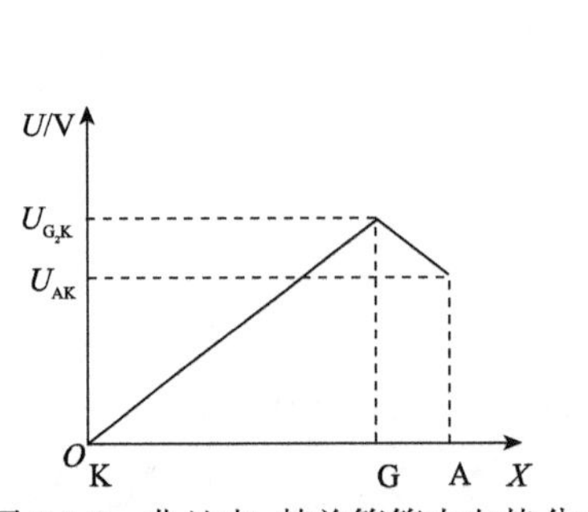

图 2.1.2 弗兰克-赫兹管管内电势分布

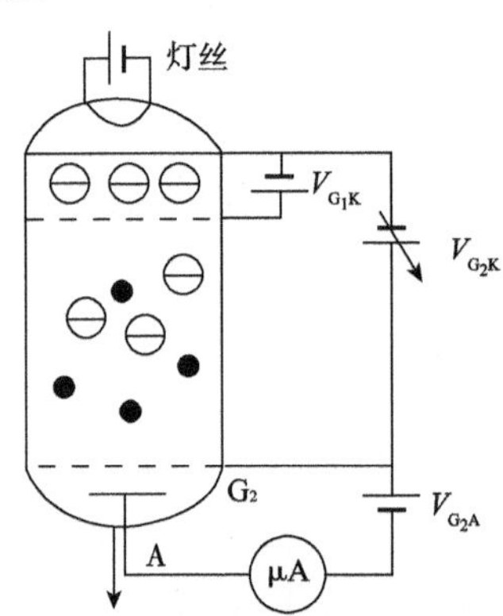

图 2.1.3 实验原理图

在充氩的弗兰克-赫兹管中，电子由热阴极发出，阴极 K 和栅极 G_2之间的加速电压 V_{G_2K} 使电子加速. 在板极 A 和栅极 G_2之间加有反向拒斥电压 U_{G_2A}. 管内空间电势分布如图 2.1.2 所示. 当电子通过 G_2K 空间进入 G_2A 空间时，如果有较大的能量($\geqslant eU_{G_2A}$)，就能冲过反向拒斥电场而到达板极形成电流，为微电流计 μA 检出. 如果电子在 G_2K 空间与氩原子碰撞而使后者激发，电子本身所剩下的能量就很少，以致通过栅极后已不足以克服拒斥电场而被折回到栅极. 这时，通过电流计 μA 的电流就显著减小.

实验时，使 V_{G_2K} 电压逐渐增加并仔细观察电流计的电流指示. 如果原子能级确实存在，而且基态与第一激发态之间有确定的能量差，就能观察到如图 2.1.4 所示的 I_A-V_{G_2K} 曲线.

图 2.1.4 所示的曲线反映了氩原子在 G_2K 空间与电子进行能量交换的情况. 当 G_2K 空间电压逐渐增加时，电子在 G_2K 空间被加速而取得越来越大的能量. 但起始阶段，由于电压较低，电子的能量较少，即使在运动过程中它与原子相碰撞也只有微小的能量交换(为弹性碰撞). 穿过栅极的电子所形成的板流 I_A 将随栅极电压 V_{G_2K} 的增大而增大(如图 2.1.4 的 Oa 段). 当 G_2K 间的电压达到氩原子的第一激发电势 V_0 时，电子在栅极附近与氩原子相碰撞，

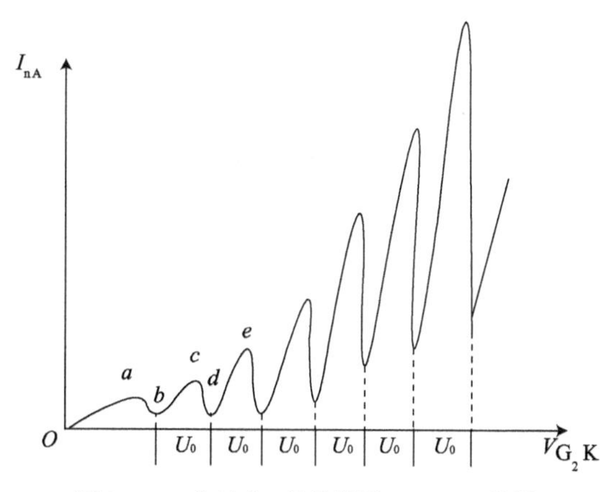

图 2.1.4 弗兰克-赫兹管的 I_A-V_{G_2K} 曲线

将自己从加速电场中获得的全部能量交给后者，并且使后者从基态激发到第一激发态. 而电子本身由于把全部能量给了氩原子，即使穿过栅极也不能克服反向拒斥电场而折回栅极(被筛选掉). 所以板极电流 I_A 将显著减小(图 2.1.4 的 *ab* 段). 随着栅极电压的增加，电子的能量也随之增加，在与氩原子相碰撞后还留下足够的能量，可以克服反向的拒斥电场而达到板极 A，这时电流又开始上升(图 2.1.4 的 *bc* 段). 直到 G_2K 间电压是二倍氩原子的第一激发电势 V_0 时，电子在 G_2K 间又会因二次碰撞而失去能量，因而又造成了第二次板极电流的下降(图 2.1.4 的 *cd* 段)，同理，凡在

$$U_{G_2K} = nV_0(n = 1,2,3,\cdots) \tag{2.1.3}$$

的地方板极电流 I_A 都会相应下跌，形成规则起伏变化的 I_A-V_{G_2K} 曲线. 而各次板极电流 I_A 下降相对应的阴、栅极电压差 V_{n+1}-V_n 应该是氩原子的第一激发电势 V_0.

本实验就是通过实际测量来证实原子能级的存在，并测定氩原子的第一激发电势.

【实验步骤】

1. 预热过程

(1) 按照图 2.1.5 连接线路图，打开电源，工作方式设置为手动.

(2) 预热 10 min(预热条件：电流量程、灯丝电压、V_{G_1K} 电压、V_{G_2A} 电压按仪器机箱上盖的标牌设置，但 V_{G_2K} 设置为 30 V).

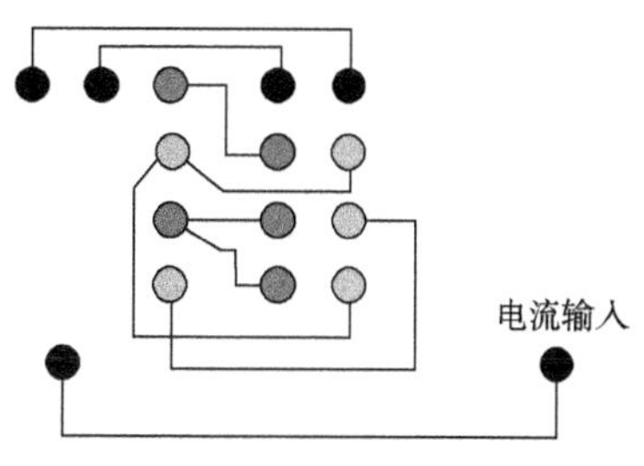

图 2.1.5 实验线路接线示意图

2. 手动测量

(1) 工作方式设置为手动，电流量程、灯丝电压、V_{G_1K} 电压、V_{G_2A} 电压按仪器机箱上盖的标牌设置.

(2) V_{G_2K} 设置为 10 V，记下相应的电流值填

表 2.1.1，V_{G_2K} 每增加 2 V 记下相应的电流值，直到 V_{G_2K} 等于 80 V 为止，完成第一遍测量.

(3)将V_{G_2A}提高 2 V，重复步骤(1)、(2)，测量第二遍，所测数据记入表 2.1.1.

3. 自动测量

(1)将实验仪与示波器相连(“信号输出”和“同步输出”分别连接到示波器的信号通道和外同步通道).

(2)打开电源，工作方式设为自动，电流量程、灯丝电压、V_{G_1K}电压、V_{G_2A}电压按仪器机箱上盖的标牌设置，但V_{G_2K}设置为 80 V(扫描终止电压).

(3)按下“启动”键，等待示波器中显示波形，显示完成后将波形记录下来.

表 2.1.1 实验数据表

电流量程：______；灯丝电压：________V； V_{G_1K} =______V

		U_{G_2K}	10	12	14	16	18	20
V_{G_2A} =	V	I_A						
V_{G_2A} =	V	I_A						
		U_{G_2K}	22	24	26	28	30	32
V_{G_2A} =	V	I_A						
V_{G_2A} =	V	I_A						
		U_{G_2K}	34	36	38	40	42	44
V_{G_2A} =	V	I_A						
V_{G_2A} =	V	I_A						
		U_{G_2K}	46	48	50	52	54	56
V_{G_2A} =	V	I_A						
V_{G_2A} =	V	I_A						
		U_{G_2K}	58	60	62	64	66	68
V_{G_2A} =	V	I_A						
V_{G_2A} =	V	I_A						
		U_{G_2K}	70	72	74	76	78	80
V_{G_2A} =	V	I_A						
V_{G_2A} =	V	I_A						

【数据处理】

(1)根据实验数据画出I_A-V_{G_2K}曲线.

(2)用逐差法求出氩原子的第一激发电势V_0.

(3) 定性分析实验误差.

【注意事项】

(1) 仪器使用之前必须预热.
(2) V_{G_2K} 不能超过 84 V.
(3) 灯丝电压设置不宜过高，一般在 2 V 左右，如电流偏小再适当增加.

【思考题】

(1) 分析加速电场不变，V_{G_2A} 增大时对电流的影响，说明理由.
(2) 数据处理中为什么要使用逐差法计算第一激发电势？能否有其他数据处理方法？
(3) 定性分析实验误差产生的原因.

实验 2.2　密立根油滴实验

1897 年汤姆生发现电子的存在后，人们进行了多次尝试，以精确确定它的性质.许多科学家为测量电子的电荷量进行了大量的实验探索工作. 1907～1913 年密立根用在电场和重力场中运动的带电油滴进行实验，这一实验首次证明了电荷的不连续性，即任何带电体所带的电量都是基本电荷的整数倍，该最小电荷值就是电子电荷，并精确测定了基本电荷 $e = 1.60\times10^{-19}$ C 密立根由于这一杰出工作和在光电效应方面的研究成果而荣获 1923 年诺贝尔物理奖.

【实验目的】

(1)学习密立根油滴实验的设计思想和方法，证明电荷的不连续性，并测量基本电荷的大小.

(2)学会用不同的方法对实验数据进行处理.

【实验仪器】

密立根油滴实验仪(图 2.2.1 和图 2.2.2)、监视器、喷雾器等.

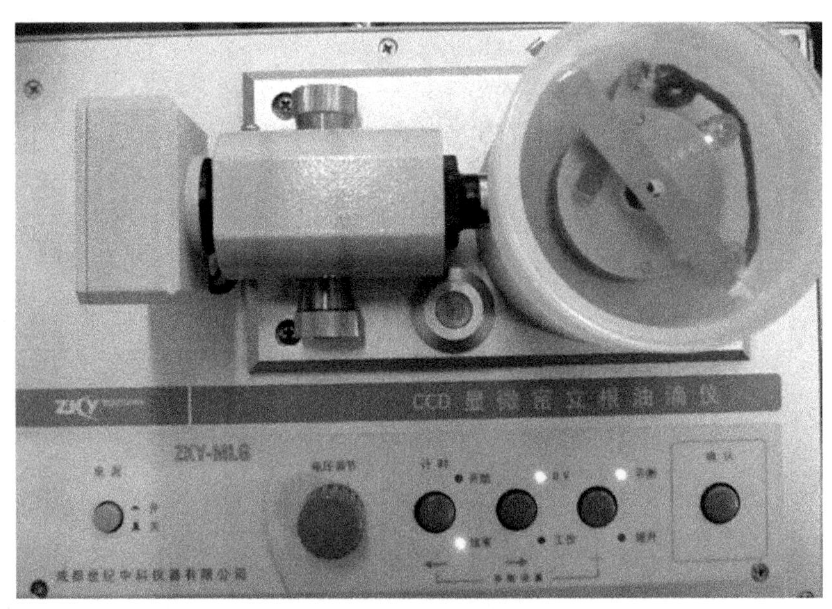

图 2.2.1　密立根油滴实验仪

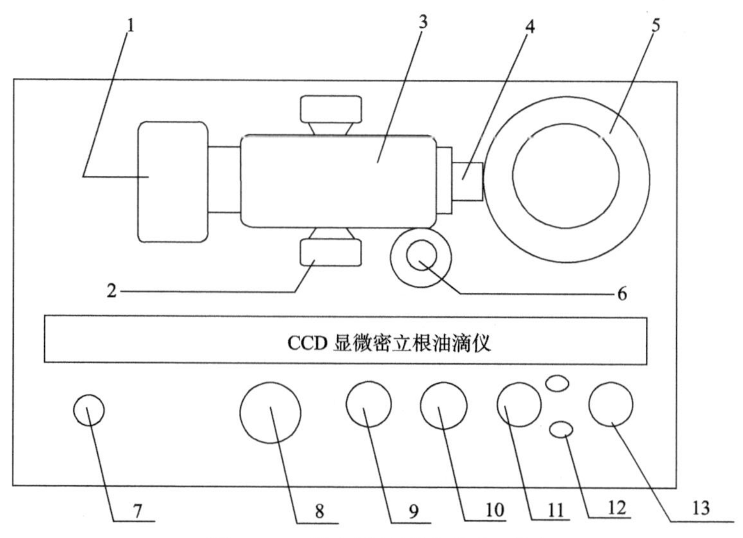

图 2.2.2 密立根油滴实验仪面板

1. CCD 盒；2. 调焦旋钮； 3. 光学系统；4. 镜头；5. 进光孔；
6. 水准泡；7. 电源开关； 8. 电压调节旋钮；9. 定时开始、结束切换键；
10. 0 V、工作切换键；11. 平衡、提升切换键；12. 状态指示灯；13. 确认键

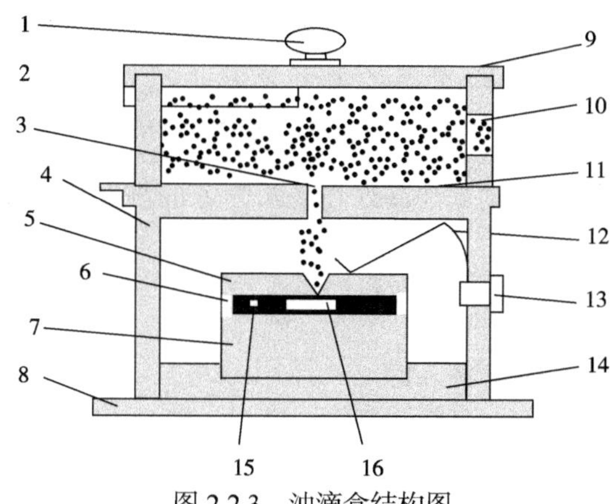

图 2.2.3 油滴盒结构图

1. 油雾室提把；2. 油雾室； 3. 油雾室开关；4. 油滴盒防风罩；5. 铝质上电极；6. 上下电极绝缘电圈；7. 铝质下电极；
8. 油滴仪托板；9. 油雾室上盖；10. 油滴喷雾口；11. 油雾孔；12. 上电极压簧；13. 上电极电源的插孔；
14. 油滴盒绝缘座；15.照明孔；16.漫反射屏

0		（平衡电压显示） （经历时间显示）
		（电压保存提示栏）
		（保存结果显示区） （共 5 格）
		（下落距离设置栏）
（距离标志）		（实验方法栏）
		（仪器生产厂家）

图 2.2.4 实验监视器界面及说明

【实验原理】

一个质量为m、带电量为q的油滴处在两块平行极板之间，在平行极板未加电压时，油滴受重力作用而加速下降. 由于空气阻力的作用，下降一段距离后，油滴将做匀速运动，其速度为v_g，这时重力与阻力平衡(空气浮力忽略不计)，如图 2.2.5 所示. 根据斯托克斯定律，黏滞阻力为：

$$f_r = 6\pi a\eta v_g \tag{2.2.1}$$

式中，η是空气的黏滞系数，a是油滴的半径. 这时有

$$6\pi a\eta v_g = mg \tag{2.2.2}$$

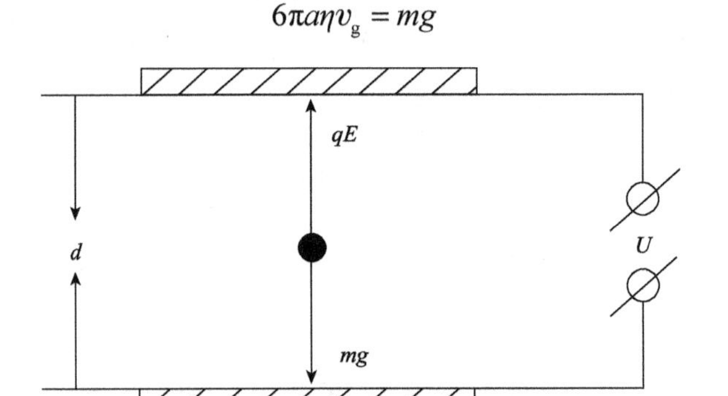

图 2.2.5 油滴在电场中的运动

当在平行极板上加电压U时，油滴处在场强为E的静电场中，设电场力qE与重力相反，使油滴静止，则有

$$mg = qE \tag{2.2.3}$$

又因为平行板间的电场为匀强电场，即

$$U = dE \tag{2.2.4}$$

综合(2.2.3)和(2.2.4)式，可得带电油滴的电量为

$$q = mg\frac{d}{U} \tag{2.2.5}$$

为测定油滴所带电荷q，除应测出U 、d和速度v_g外，还需知油滴质量 m. 由于空气的悬浮和表面张力作用，可将油滴看作均匀的圆球，其质量为

$$m = \frac{4}{3}\pi a^3 \rho \tag{2.2.6}$$

考虑到油滴非常小，其半径在10^{-6}米左右，油滴的大小接近空气分子的平均自由程，即与空气的间隙只相差几个数量级，空气已不能看成连续介质，所以黏滞系数η应作如下修正：

$$\eta' = \frac{\eta}{1+\frac{b}{pa}} \tag{2.2.7}$$

式中，b 为修正常数，p 为空气压强.

实验时取油滴匀速下降的距离 l，测出油滴匀速下降的时间 t_g，则

$$v_g = \frac{l}{t_g} \tag{2.2.8}$$

将式(2.2.6)～(2.2.8)代入式(2.2.5)，可得

$$q = \frac{4}{3}\pi\left(\frac{9\eta l}{2}\right)^{\frac{3}{2}}\left(\frac{1}{\rho g}\right)^{\frac{1}{2}}\left(\frac{1}{1+\frac{b}{pa}}\right)^{\frac{3}{2}}\frac{d}{U}\left(\frac{1}{t_g}\right)^{\frac{3}{2}}$$

令 $K = \frac{4}{3}\pi\left(\frac{9\eta l}{2}\right)^{\frac{3}{2}}\left(\frac{1}{\rho g}\right)^{\frac{1}{2}}\left(\frac{1}{1+\frac{b}{pa}}\right)^{\frac{3}{2}}$ 则上式可以化为

$$q = K\frac{d}{U}\left(\frac{1}{t_g}\right)^{\frac{3}{2}} \tag{2.2.9}$$

此式便是静态法测油滴电量的公式. 电压 U 是恰好能够使带电油滴静止在电场中所需电压，我们称它为平衡电压.

在实验中，要对多个不同的油滴进行测量，然后求这些油滴电量 q 的最大公约数，此数就是基本电荷 e 的电量值. 即为元电荷.

【实验步骤】

(1) 油滴仪水平调节，顺时针调高，逆时针调低.

(2) 开启油滴仪和监视器上的电源开关，监视器出现仪器名称和厂家界面.

(3) 按仪器上的确认键，监视器出现参数设置界面，完成参数设置或默认参数(油滴密度设置可查表 2.2.1).

(4) 按确认键，出现实验界面，将“平衡、提升”键设置为“平衡”；“0 V、工作”键设置为“工作”；计时的“开始、结束”键设置为“结束”. 通过调节电压平衡旋钮将电压调至 200～300 V.

(5) 通过喷雾口向油滴盒内喷入少量油雾，适当调焦，此时监视器上出现大量运动的油滴. 选取适当的油滴(平衡电压>50 V，油滴下落时间为 20 s 左右)，仔细调整平衡电压，使其在某一位置平衡.

(6)按下“提升”键，当油滴到达“0”标记格线上方时，按下“平衡”键使油滴静止在“0”标记格线上方，按下“0 V”键，此时油滴开始下落，当油滴下落到有“0”标记的格线时，立即按下“计时开始”键，计时器启动，开始记录油滴下落时间.

(7)当油滴下落至“1.6”标记的格线时，立即按下“计时结束”键，计时器停止计时.此时“0 V、工作”键会自动切换为“工作”状态，油滴停止运动，若对本次下落数据无疑问，则按下“确认”键将测量结果记录在屏幕上.

(8)将“平衡、提升”键切换为“提升”，油滴将被向上提升，当回到高于有“0”标记的格线时，将“平衡、提升”键设置为“平衡”状态，使油滴静止. 若油滴不静止，可重新调节平衡电压使油滴静止平衡.

(9)重复步骤(6)～(8)，当达到5次记录后，按“确认”键，界面左边出现实验结果. 将实验结果以及右边屏幕的平衡电压V、下落时间t记录在数据表格2.2.2中，作为原始实验数据.

(10)重复步骤(5)～(9)，至少测4个油滴，记录实验数据.

(11)(选做项目)用动态法测量油滴的电量，求出电子电荷e.

表 2.2.1 油滴密度随温度的变化关系

T/℃	0	10	20	30	40
$\rho/(\mathrm{kg/m^3})$	991	986	981	976	971

表 2.2.2 数据记录表格

油滴序号	数据	第一滴油滴	第二滴油滴	第三滴油滴	第四滴油滴
第一次	平衡电压V				
	下落时间t				
第二次	平衡电压V				
	下落时间t				
第三次	平衡电压V				
	下落时间t				
第四次	平衡电压V				
	下落时间t				
第五次	平衡电压V				
	下落时间t				

续表

油滴序号	数据	第一滴油滴	第二滴油滴	第三滴油滴	第四滴油滴
实验结果	平均电压 V				
	平均时间 t				
	带电量 Q				

【数据处理】

1. 数据处理方法

(1) 计算法一.

将实验测量得到的一组油滴带电量数据除以公认值 e 得到各油滴的带电量子数(一般为非整数)，再对这些数四舍五入取整，作为各油滴的带电量子数 n，用求得的量子数分别去除以对应的油滴带电量 q，得到每一个油滴的电子电荷 e.

(2) 计算法二.

由油滴带电量 q_1、q_2、q_3、q_4 的数据依次求取差值，在这组差值中求取最大公约数，将此最大公约数代替单位电荷电量 e 的公认值，求出各组油滴的带电量数 n. 用求得的量子数分别去除以对应的油滴带电量 q，得到每一个油滴的电子电荷 e.

(3) 作图法.

设实验得到 m 个油滴的带电量分别为 q_1，q_2，…，q_m，由于电荷的量子化特性，应有

$$q_i = n_i e \tag{2.2.11}$$

式中，n_i 为第 i 个油滴的带电量子数，e 为单位电荷值. 式(2.2.11)在数学上抽象为一直线方程，n 为自变量，q 为函数，截距为 0，因此 m 个油滴对应的数据在 n−q 直角坐标系中，必然在同一条通过原点的直线上. 在坐标纸上作出 n−q 图，画出 n−q 的直线图，该直线斜率 k 即为单位电荷实验值 e.

(4) 最小二乘法拟合法.

参考上册第 1 章“测量误差理论及数据处理”的有关内容.

2. 根据 e 的理论值，计算出 e 的相对误差

【注意事项】

(1) 喷雾器中的钟表油不能添加太多，喷雾器里只要内壁有油迹就可以，油太多容易堵塞油雾孔.

(2) 向喷雾口喷入油雾时要一手按住油滴盒上方的油雾室，一手喷油雾，以免弄翻油雾室；喷油时，切忌频繁喷油.

(3) 油滴的选择对实验结果很重要，选择油滴要大小适中，油滴选得太大虽然比较亮，

但一般带的电量比较多，下降速度也比较快，时间不容易测准. 油滴也不能选的太小，太小则布朗运动明显.

(4) 对每滴油滴的测量时间应尽量避免过长，以免油滴挥发，影响实验误差.

【思考题】

(1) 如何判断油滴盒内两平行极板是否水平？如果不水平对实验有何影响？

(2) 应选什么样的油滴进行测量？选太小的油滴对测量有什么影响？选太大或带电太多的油滴存在什么问题？

(3) 怎样判断油滴所带的电荷比较少？

实验 2.3　多普勒效应实验

当波源或观察者或二者同时相对于介质运动，这时观察者接收到的波的频率和波源发出的频率就不再相同，这种现象称为多普勒效应. 它是奥地利物理学家多普勒在 1842 年首先发现的. 多普勒效应不仅适用于声波，也适用于所有类型的波，包括电磁波、光波、机械波等. 这种波频率与物体速度关系的效应已经应用于日常生活和科学研究的各个方面，如医院的彩超、高速路中的测速仪、宏观的天体物理到微观的材料学（激光多普勒）等.

【实验目的】

(1) 了解多普勒效应及多普勒综合实验仪的结构和工作原理.

(2) 应用声波多普勒效应测量物体变速运动的运动学量.

【实验仪器】

ZKY-DPL 型多普勒效应综合实验仪（图 2.3.1）、ZKY-DPL-3 型多普勒效应综合实验

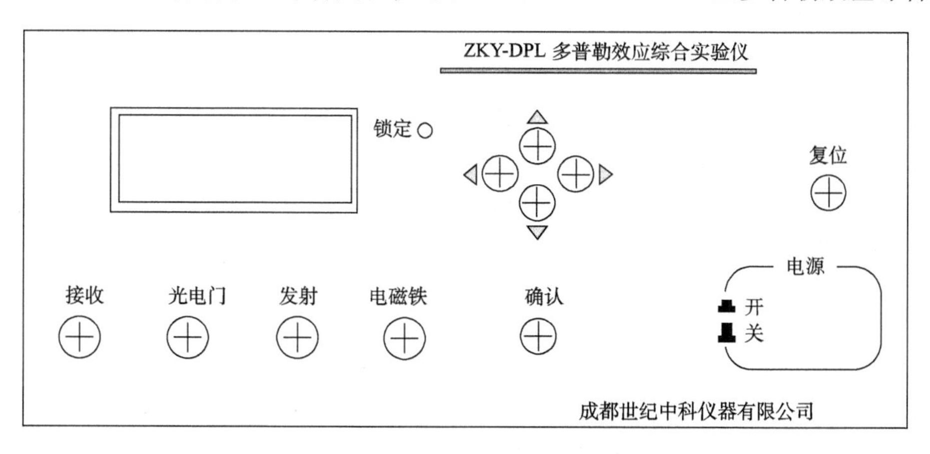

图 2.3.1　ZKY-DPL 型多普勒效应综合实验仪面板图

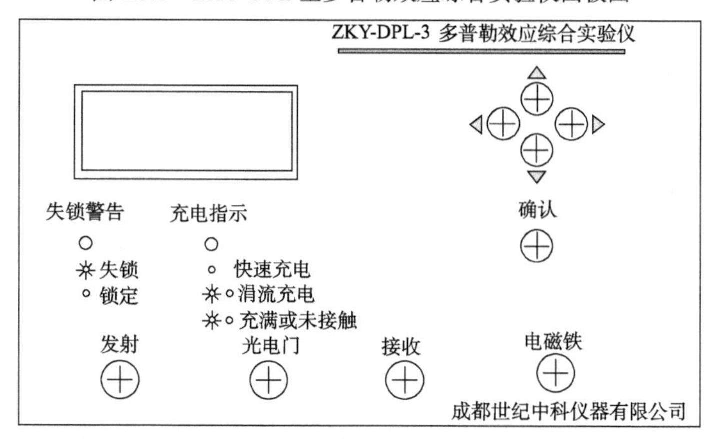

图 2.3.2　ZKY-DPL-3 型多普勒效应综合实验仪面板图

仪(图 2.3.2)、水平导轨、垂直导轨、电磁铁、光电门、滑轮、超声波发射器、超声波接收器、小车、导线支杆、细绳、砝码、弹簧等.

【实验原理】

根据声波的多普勒效应公式，如图 2.3.3 所示当声源与接收器之间有相对运动时，接收器接收到的频率 f 为

$$f = f_0(u+V_1\cos\alpha_1)/(u-V_2\cos\alpha_2) \tag{2.3.1}$$

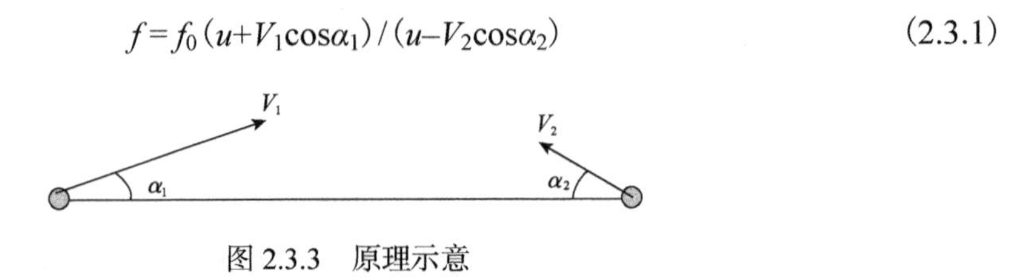

图 2.3.3 原理示意

式中，f_0 为声源发射频率，u 为声速，V_1 为接收器运动速率，α_1 为接收器运动方向的夹角，V_2 为声源运动速率，α_2 为声源运动方向的夹角.

若声源保持不动，接收器沿声源与接收器连线方向以速度 V 运动，则从式(2.3.1)可得接收器接收到的频率应为

$$f = f_0(1+V/u) \tag{2.3.2}$$

当接收器向着声源运动时，V 取正，反之取负. 若 f_0 保持不变，以光电门测量物体的运动速度，并由仪器对接收器接收到的频率自动计数，根据式(2.3.2)，作 f-V 关系图可直观验证多普勒效应，且由实验点作直线，其斜率应为 $k=f_0/u$，由此可计算出声速 $u=f_0/k$.

由式(2.3.2)可解出

$$V = u(f/f_0 - 1) \tag{2.3.3}$$

若已知声速 u 及声源频率 f_0，通过设置使仪器以某种时间间隔对接收器接收到的频率 f 采样计数，由微处理器按式(2.3.3)计算出接收器运动速度，由显示屏显示 V-t 关系图，或调阅有关测量数据，即可得出物体在运动过程中的速度变化情况，进而对物体运动状况及规律进行研究.

【实验步骤】

1. 验证多普勒效应并测量声速(水平方向实验)

实验装置见图 2.3.4，让小车以不同速度通过光电门，仪器自动记录小车通过光电门时的平均运动速度及与之对应的平均接收频率. 由仪器显示的 f-V 关系图可看出，若测量点呈直线，符合式(2.3.2)描述的线性规律，即直观验证了多普勒效应.

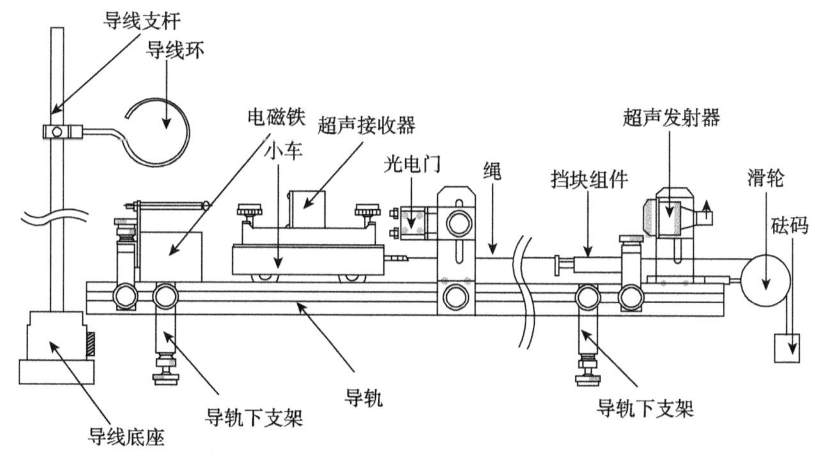

图 2.3.4　多普勒效应验证实验及测量小车水平运动安装示意图

实验步骤：

(1) 实验仪开机后，输入室温. 利用◀ ▶键将室温 T 值调到实际值，按“确认”.

(2) 电磁铁吸住小车后，利用◀ ▶键调节电流值，当锁定灯熄灭停止调节，此时谐振频率 f_0 确定并记录.

(3) 在液晶显示屏上，选中“多普勒效应验证实验”，并按“确认”.

(4) 利用▶键修改测试总次数(选 6 次).

(5) 将小车吸于电磁铁上，砝码如图 2.3.4 所示悬于半空，按▼，选中“开始测试”.

(6) 每一次测试完成，判断本次实验是否正常(在小车滑过光电脉冲转换器时有无受阻)，如正常则选择“存入”，如不正常可以选择“重测”，则此次数据不会进入最后的数据处理. “确认”后回到测试状态，并显示测试总次数及已完成的测试次数.

(7) 改变砝码质量(改变小车的运动速度)，并退回小车让磁铁吸住，按“开始”，进行下一次测试(砝码有 5 块，分别为 1、2、3、4、5 倍).

(8) 完成设定的测量次数后，仪器自动存储数据，并显示 f-V 关系图及测量数据，将实验数据记入表 2.3.1 中.

表 2.3.1　验证多普勒效应与声速的测量　（f_0=______ kHz，T=______ ℃）

次数 i	1	2	3	4	5	6
V_i/m/s						
f_i /Hz						
砝码倍数						

数据处理要求：用线性回归法计算 f-V 关系直线的斜率 k，计算声速 u 并与声速的理论值比较，计算其百分误差.

【注意事项 1】

(1) 须待磁铁吸住小车后，再开始调谐. 此时超声发生器和接收器的距离最远，保证其在最大距离下的信号强度.

(2) 调谐及实验进行时，须保证超声发生器和接收器之间无任何阻挡物.

(3) 6 次测量完成后方可返回首页，否则数据会丢失.

(4) 小车不使用时应立放，避免小车滚轮沾上污物，影响实验进行.

(5) 小车速度不可太快，以防小车脱轨跌落损坏.

(6) 安装时不可挤压连接电缆，以免导线折断，电缆接头如图 2.3.5 所示.

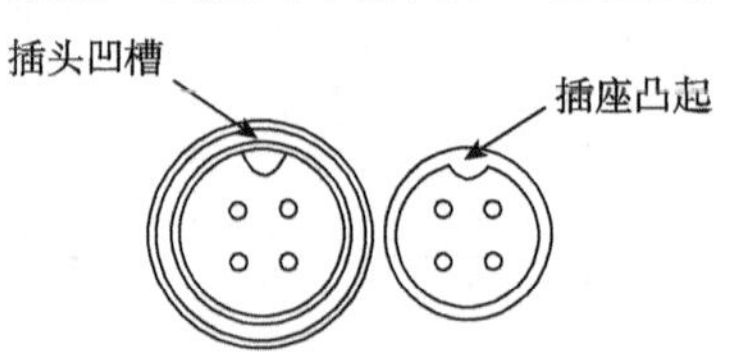

图 2.3.5 插头与插座连接示意

声速的计算公式

$$u=\frac{f_0}{k}\ (\mathrm{m/s}) \tag{2.3.4}$$

$$u_{理}=331.45\sqrt{\left(1+\frac{T}{273.15}\right)}\ (\mathrm{m/s}) \tag{2.3.5}$$

线性回归法计算公式

$$k=\frac{\overline{V_i}\times\overline{f_i}-\overline{V_i\times f_i}}{\overline{V_i}^2-\overline{V_i^2}}=\frac{\frac{1}{6}\sum_{i=1}^{6}V_i\times\frac{1}{6}\sum_{i=1}^{6}f_i-\frac{1}{6}\sum_{i=1}^{6}(V_i\times f_i)}{\left(\frac{1}{6}\sum_{i=1}^{6}V_i\right)^2-\frac{1}{6}\sum_{i=1}^{6}V_i^2} \tag{2.3.6}$$

2. 研究简谐振动(垂直方向)

当质量为 m 的物体受到大小与位移成正比，而方向指向平衡位置的力的作用时，若以物体的运动方向为 x 轴，其运动方程为

$$m\frac{\mathrm{d}^2x}{\mathrm{d}t^2}=-kx \tag{2.3.7}$$

由式(2.3.7)描述的运动称为简谐振动. 当初始条件为 $t=0$ 时，$x=-A_0$，$V=\mathrm{d}x/\mathrm{d}t=0$，则方程(2.3.7)的解为

$$x=A_0\cos\omega_0 t \tag{2.3.8}$$

将式(2.3.7)对时间求导，可得速度方程

$$V=\omega_0 A_0\sin\omega_0 t \tag{2.3.9}$$

由式(2.3.8)和式(2.3.9)可见物体作简谐振动时，位移和速度都随时间周期变化，式中 $\omega_0=(k/m)^{1/2}$，为振动的角频率. 若忽略空气阻力，根据胡克定律，作用力与位移成正比，悬挂在弹簧上的物体应作简谐振动，而式(2.3.7)中的 k 为弹簧的倔强系数(劲度系数). 其实验步骤是：

(1) 实验仪开机后，输入室温，按“确认”，f_0 自动生成. 在液晶显示屏上，用▼选中“变速运动测量实验”并按“确认”.

(2) 利用▶键修改测量点总数为 150，用▼键选择采样步距为 100 ms.

(3) 接收器(重锤)充电：充电时，重锤上的电路板要与充电探针接触，充电指示灯灭表示正在快速充电，绿色表示正在涓流充电，红色表示充电探针未接触到充电器，黄色(或橙色)表示已经充满.

(4) 接收器充满电后，将弹簧一端悬挂于电磁铁下端的小孔中，接收器尾翼悬挂在弹簧的另一端上(图 2.3.6)，将接收器从平衡位置垂直向下拉 15～20 cm，放手后，让接收器产生自由振荡(即减小外力的影响)，再按“确认”键(此时要注意失锁灯应该一直是暗的).

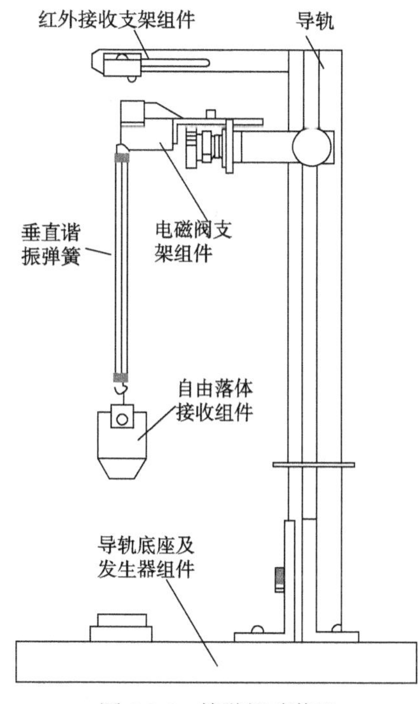

图 2.3.6　简谐振动装置

(5) 测量完成后，显示屏上显示 V-t 图，将 1～50 个采样点的 V、t 值记录在表 2.3.2 中，并用坐标纸画出 V-t 图像. 用▶键选择“数据”栏，查阅速度第 1 次达到最大时的采样点序号 $N_{v1\max}$ 和速度第 11 次达到最大时的采样点序号 $N_{v11\max}$，采样点序号 $N_{v1\max}$ 和 $N_{v11\max}$ 之间共有 10 个周期，求平均周期 $\overline{T}$. 测量弹簧悬挂接收器之后的伸长量 Δx，接收器的质量 M 由教师给出，数据记入表 2.3.3 中.

表 2.3.2　简谐振动的测量

采样点 i	1	2	3	4	5	6	7	8	9	10
V_i/(m/s)										
t_i/s										
采样点 i	11	12	13	14	15	16	17	18	19	20
V_i/m/s										
t_i/(s)										
采样点 i	21	22	23	24	25	26	27	28	29	30
V_i/ (m/s)										
t_i/s										
采样点 i	31	32	33	34	35	36	37	38	39	40
V_i/(m/s)										
t_i/(s)										
采样点 i	41	42	43	44	45	46	47	48	49	50
V_i/(m/s)										
t_i/s										

表 2.3.3 简谐振动的测量

M/kg	Δx/m	$N_{v1\max}$	$N_{v11\max}$

角频率计算公式

$$\omega = \frac{2\pi}{\overline{T}}\ (\mathrm{s}^{-1}) \tag{2.3.10}$$

$$\omega_0 = \sqrt{\frac{k}{m}}\ (\mathrm{s}^{-1}) \tag{2.3.11}$$

倔强系数(劲度系数)的计算公式

$$k = \frac{mg}{\Delta x}\ (\mathrm{kg/s^2}) \tag{2.3.12}$$

平均周期计算公式(采样步距为 100 ms)

$$\overline{T} = 0.01(N_{v11\max} - N_{v1\max})\ (\mathrm{s}) \tag{2.3.13}$$

数据处理要求：计算角频率 ω、 ω_0 并计算其百分误差.

【注意事项 2】

(1)测量时必须保证接收器与发射器之间无任何阻挡物，接收器自由振荡开始后，再按“确认” 键.

(2)作简谐振动时接收器必须充满电.

(3)失锁灯亮说明接收信号弱，检查重锤是否充满电、发射器是否被堵或接收器和发射器是否在一条直线上.

(4) $N_{v1\max}$ 和 $N_{v11\max}$ 应该到数据栏去记录而不能在图形上数.

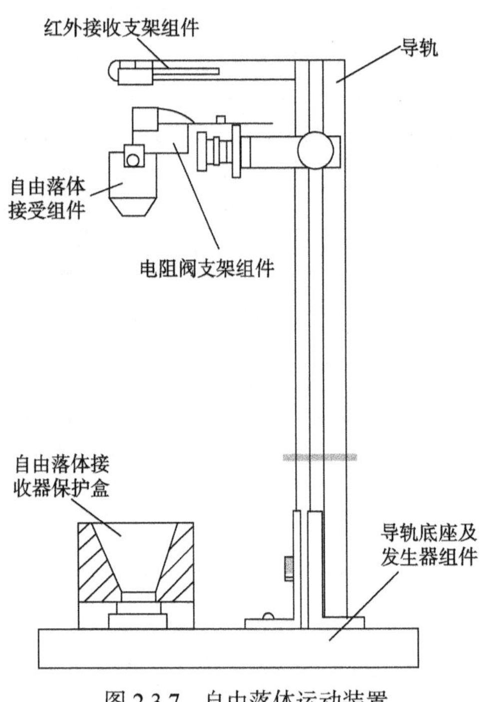

图 2.3.7 自由落体运动装置

3. 研究自由落体运动，测重力加速度(选做)

(1)实验仪开机后，输入室温，按“确认”，f_0 自动生成. 在液晶显示屏上，用▼选中“变速运动测量实验”并按“确认”.

(2)利用▶键修改测量点总数为 8，按▼键选择采样步距为 30 ms.

(3)接收器(重锤)充电：充电时，重锤上的电路板要与充电探针接触(图 2.3.7)，充电指示灯灭表示正在快速充电，绿色表示正在涓流充电，红色表示充电探针未接触到充电器，黄色(或橙色)表示已经充满.

(4) 接收器充满电后，重锤上的电路板要离开充电探针，把重锤往下移 1 cm 左右并正对发射器，选中“开始测试”，按“确认”后，电磁铁自动释放，接收器自由下落. 测量完成后，显示屏上显示 v-t 图，用▶键选择“数据”，将测量数据记入表 2.3.4 中.

(5) 用▶键选择“返回”，“确认”后重新回到测量设置界面. 重复步骤 (2)～(4) 进行新的测量.

表 2.3.4　自由落体运动的测量

采样次数 i	2	3	4	5	6	7	8
相应时刻 t_i=0.03×(i−1) / s							
第一次实验 V/ (m/s)							
第二次实验 V/ (m/s)							
第三次实验 V/ (m/s)							
第四次实验 V/ (m/s)							

数据处理要求：计算重力加速度 g 及其不确定度.

【注意事项 3】

(1) 须将“接收器保护盒”套于发射器上，避免发射器受到冲击而损坏.

(2) 若接收器在充电势置处下落，则其运动方向不是严格的在声源与接收器的连线方向，则 α_1 (图 2.3.8) 在运动过程中增加，此时式 (2.3.2) 不再严格成立，由式 (2.3.3) 计算的速度误差也随之增加.

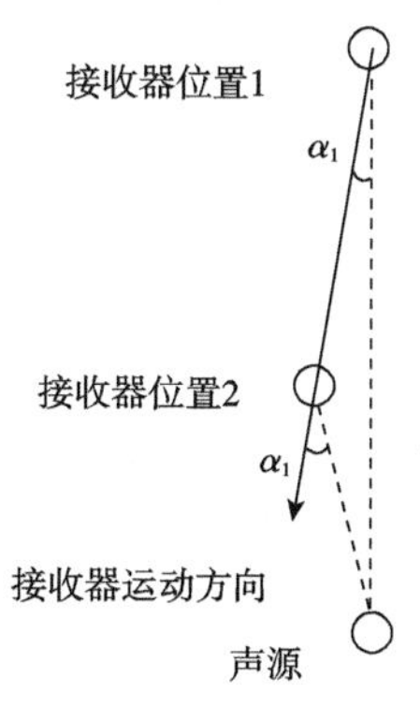

图 2.3.8　运动过程中 α_1 角度的变化示意图

(3) ZKY-DPL-3 型多普勒效应综合实验仪采用无线的红外调制-发射-接收方式，即用超声接收器信号对红外波进行调制后发射，固定在导轨一端的红外接收端接收红外信号后，再将超声信号解调出来. 由于红外发射/接收的过程中信号传输是光速，远远大于声速，它引起的多普勒效应可以忽略.

4. 其他变速运动的测量 (选做)

水平方向阻尼振动的测量 (图 2.3.9) 和牛顿第二定律的验证 (图 2.3.10)，这两个实验可作为设计性实验完成.

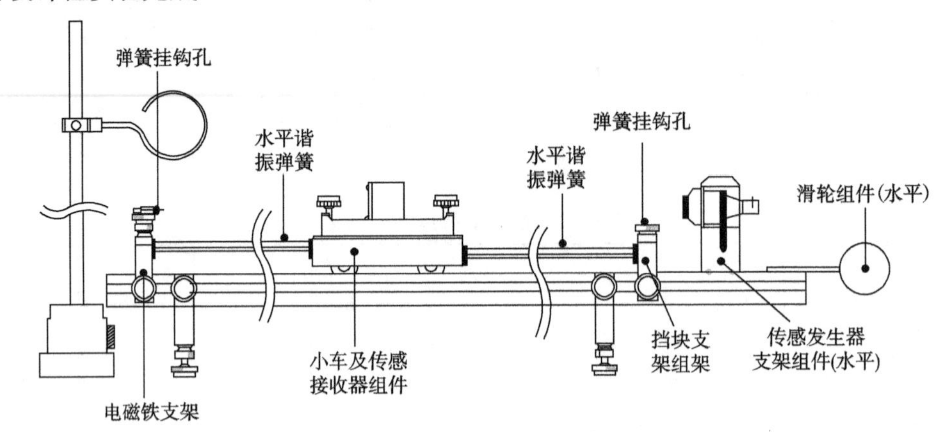

图 2.3.9　水平阻尼振动

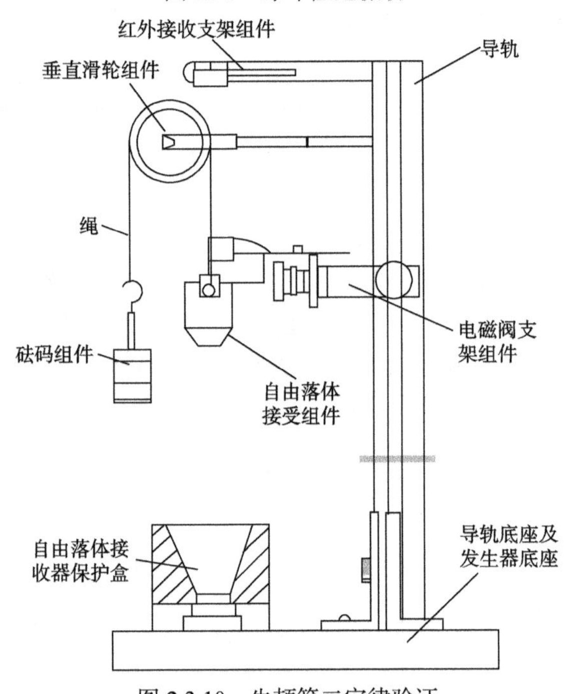

图 2.3.10　牛顿第二定律验证

【思考题】

(1) 为什么在使用多普勒效应综合实验仪时，要求输入室温?

(2) 在验证多普勒效应实验中，为什么要调谐振频率? 如何调节谐振频率?

(3) 影响简谐振动实验误差的主要来源是什么?

实验 2.4　双光栅微弱振动的测量

精密测量在自动化控制的领域里一直扮演着重要的角色，其中光电测量因为有较佳的精密性与准确性，加上轻巧、无噪声等优点，在测量的应用上常被采用. 作为一种把机械位移信号转化为光电信号的手段，光栅式位移测量技术在长度与角度的数字化测量、运动比较测量、数控机床、应力分析等领域得到广泛的应用.

多普勒频移物理特性的应用也非常广泛，如医学上的超声诊断仪、测量海水各层深度的海流速度和方向、卫星导航定位系统、音乐中乐器的调音等.

双光栅微弱振动测量仪在力学实验项目中用作音叉振动分析、微振幅(位移)测量和光拍研究等.

【实验目的】

(1)了解利用光的多普勒频移形成光拍的原理并用其测量光拍拍频；

(2)学会精确测量微弱振动位移的方法；

(3)应用双光栅微弱振动测量仪测量音叉振动的微振幅.

【实验装置】

DHGS-1 型双光栅微弱振动实验仪、测量仪箱内有集成信号发生器、频率计、音叉(500 Hz 左右)、激光源($\lambda = 650$ nm)、数字示波器.

【实验原理】

1. 位移光栅的多普勒频移

多普勒效应是指光源、接收器、传播介质或中间反射器之间的相对运动所引起的接收器接收到的光波频率与光源频率发生的变化，由此产生的频率变化称为多普勒频移.

由于介质对光传播时有不同的相位延迟作用，对于两束相同的单色光，若初始时刻相位相同，经过相同的几何路径，但在不同折射率的介质中传播，出射时两光的相位则不相同. 对于相位光栅，当激光平面波垂直入射时，由于相位光栅上不同的光密和光疏介质部分对光波的相位延迟作用，入射的平面波变成出射时的折曲波阵面，见图 2.4.1.

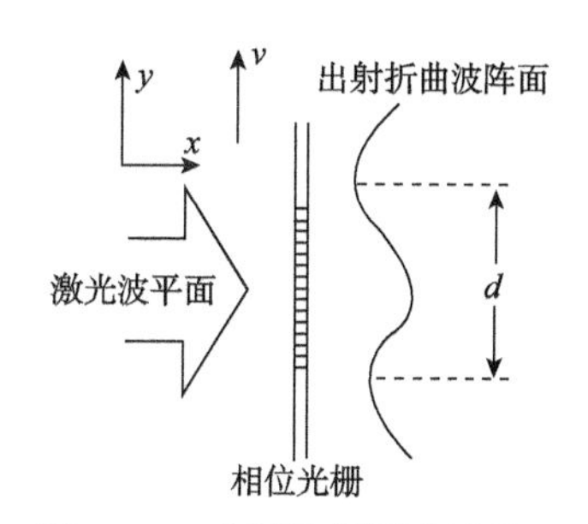

图 2.4.1　出射的褶折曲波阵面

激光平面波垂直入射到光栅，由于光栅上每缝自身的衍射作用和各缝之间的干涉，通过光栅后光的强度出现周期性的变化. 在远场，用光栅衍射方程来表示主极大位置

$$d\sin\theta = \pm k\lambda \quad (k = 0,1,2,\cdots) \tag{2.4.1}$$

式中，k 为主极大级数，d 为光栅常数，θ 为衍射角，λ 为光波波长.

如果光栅在 y 方向以速度 v 移动，则从光栅出射的光的波阵面也以速度 v 在 y 方向移动. 因此在不同时刻，对应于同一级的衍射光线，它从光栅出射时，在 y 方向也有一个 vt 的位移量，见图 2.4.2.

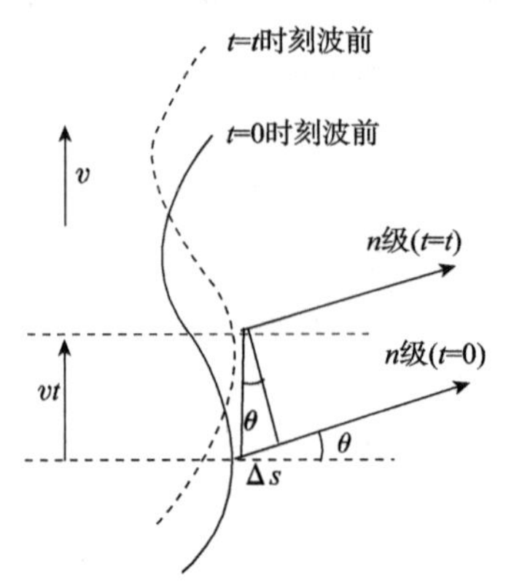

图 2.4.2 光波相位变化

这个位移量相应于出射光波相位的变化量为 $\Delta\varphi(t)$

$$\Delta\varphi(t)=\frac{2\pi}{\lambda}\Delta s=\frac{2\pi}{\lambda}vt\sin\theta \tag{2.4.2}$$

将式(2.4.1)代入式(2.4.2)得

$$\Delta\varphi(t)=\frac{2\pi}{\lambda}vt\frac{k\lambda}{d}=k2\pi\frac{v}{d}t=k\omega_{\mathrm{d}}t \tag{2.4.3}$$

式中，$\omega_{\mathrm{d}}=2\pi\dfrac{v}{d}$.

激光从相应移动光栅出射时，光波电矢量方程则为

$$E=E_0\cos\left[\omega_0 t+\Delta\varphi(t)\right]=E_0\cos[(\omega_0+k\omega_{\mathrm{d}})t] \tag{2.4.4}$$

显然可见，移动的相位光栅的 k 级衍射光波，相对于静止的相位光栅有一个 $\omega_0+k\omega_{\mathrm{d}}$ 的多普勒频移，如图 2.4.3 所示

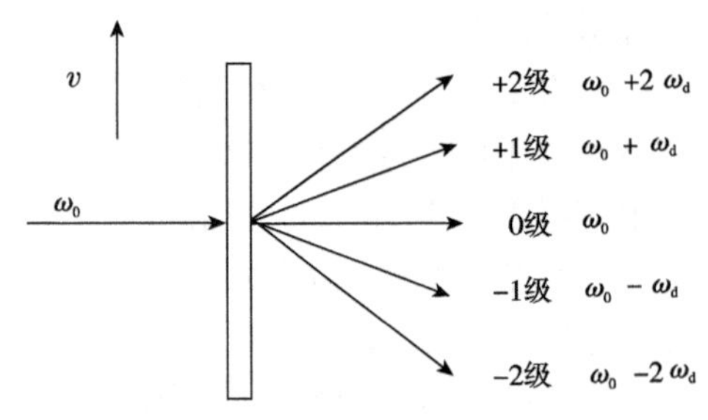

图 2.4.3 移动光栅的多普勒频率

2. 光拍的获得与检测

光的频率很高，为了从光频 ω_0 中检测出多普勒频移量，必须采用“拍”的方法，即要把已频移的和未频移的光束互相平行叠加，以形成光拍. 由于拍频较低，容易测得，故通过拍频即可检测出多普勒频移量.

本实验形成光拍的方法是采用两片完全相同的光栅平行紧贴，一片 B 静止，另一片 A

相对移动. 激光通过双光栅后所形成的衍射光，即为两种以上光束的平行叠加. 其形成的第 k 级衍射光波的多普勒频移如图 2.4.4 所示.

$\omega_0+\omega_d$
$v_B=0$
$\omega_0+\omega_d$
ω_0
v_A
$\omega_0+\omega_d$
$\omega_0+\omega_d$
ω_0
ω_0
ω_0
$\omega_0-\omega_d$
$\omega_0-\omega_d$
A
ω_0
$\omega_0-\omega_d$
B
$\omega_0-\omega_d$

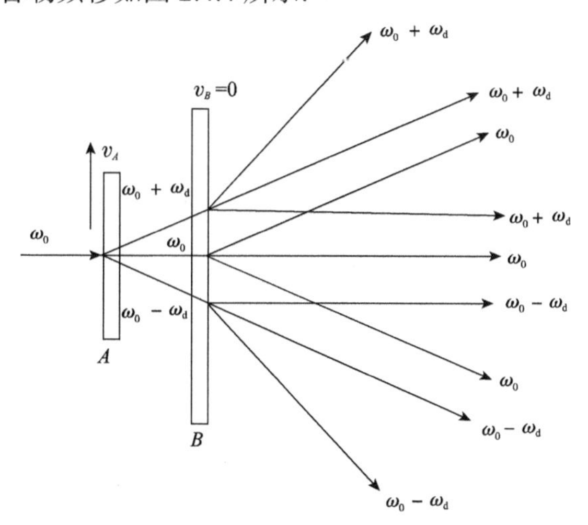

图 2.4.4　k 级衍射光波的多普勒频移

光栅 A 按速度 v_A 移动起频移作用，而光栅 B 静止不动只起衍射作用，故通过双光栅后出射的衍射光包含了两种以上不同频率而又平行的光束. 由于双光栅紧贴，激光束具有一定宽度，故该光束能平行叠加，这样直接而又简单地形成了光拍，如图 2.4.5 所示.

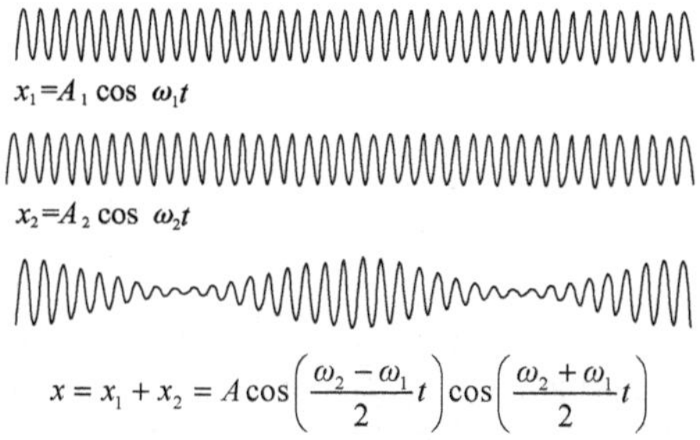

$x_1=A_1\cos\ \omega_1 t$
$x_2=A_2\cos\ \omega_2 t$
$x=x_1+x_2=A\cos\left(\frac{\omega_2-\omega_1}{2}t\right)\cos\left(\frac{\omega_2+\omega_1}{2}t\right)$

图 2.4.5　频差较小的两列波叠加形成“拍”示意图

激光经过双光栅所形成的衍射光叠加成光拍信号. 光拍信号进入光电检测器后，其输出光电流可由下述关系求得

光束 1：　$E_1=E_{10}\cos(\omega_0 t+\varphi_1)$

光束 2：　$E_2=E_{20}\cos[(\omega_0+\omega_d)t+\varphi_2]$　　　　（取 k=1）

光电流：$I=\{(E_1+E_2)^2$

$$
\begin{aligned}
&=\xi\{E_{10}^2\cos^2(\omega_0 t+\varphi_1)+E_{20}^2\cos^2[(\omega_0+\omega_d)t+\varphi_2] \\
&\quad +E_{10}E_{20}\cos[(\omega_0+\omega_d-\omega_0)t+(\varphi_2-\varphi_1)] \\
&\quad +E_{10}E_{20}\cos[(\omega_0+\omega_d+\omega_d)t+(\varphi_2+\varphi_1)]\}
\end{aligned}
\tag{2.4.5}
$$

其中，ξ 为光电转换常数. 因光波频率 ω_0 甚高，在式(2.4.5)第一、二、四项中，光电检测器无法反应，式(2.4.5)第三项即为拍频信号，因为频率 ω_d 较低，光电检测器能作出相应的响应. 其光电流为

$$i_s=\xi\{E_{10}E_{20}\cos[(\omega_0+\omega_d-\omega_0)t+(\varphi_2-\varphi_1)]\}=\xi\{E_{10}E_{20}\cos[\omega_d t+(\varphi_2-\varphi_1)]\}$$

拍频信号通过光电转换后显示如图 2.4.6 所示，在示波器上拍频波形如图 2.4.7 所示.

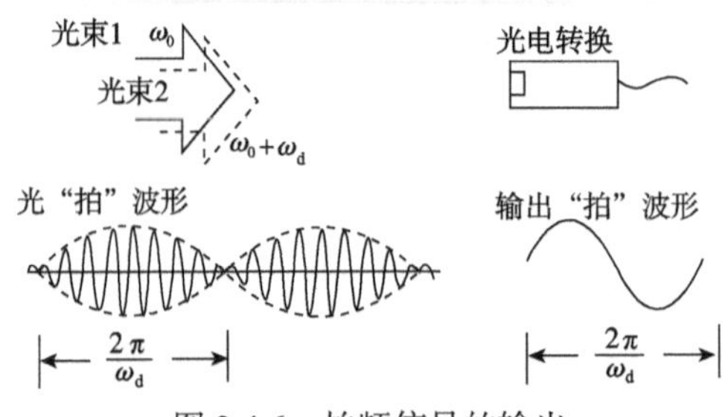

图 2.4.6 拍频信号的输出

拍频 $F_拍$ 即为

$$F_拍=\frac{\omega_d}{2\pi}=\frac{v_A}{d}=v_A n_\theta \tag{2.4.6}$$

其中，$n_\theta=\frac{1}{d}$ 为光栅密度，本实验 $n_\theta=\frac{1}{d}=100$ 条/mm.

3. 微弱振动位移量的检测

从式(2.4.6)可知，$F_拍$ 与光频率 ω_0 无关，且当光栅密度 n_θ 为常数时，只正比于光栅移动速度 v_A，如果把光栅粘在音叉上，则 v_A 是周期性变化的. 所以光拍信号频率 $F_拍$ 也是随时间而变化的，微弱振动的位移振幅为

$$A=\frac{1}{2}\int_0^{\frac{T}{2}}v(t)\mathrm{d}t=\frac{1}{2}\int_0^{\frac{T}{2}}\frac{F_拍(t)}{n_\theta}\mathrm{d}t=\frac{1}{2n_\theta}\int_0^{\frac{T}{2}}F_拍(t)\mathrm{d}t \tag{2.4.7}$$

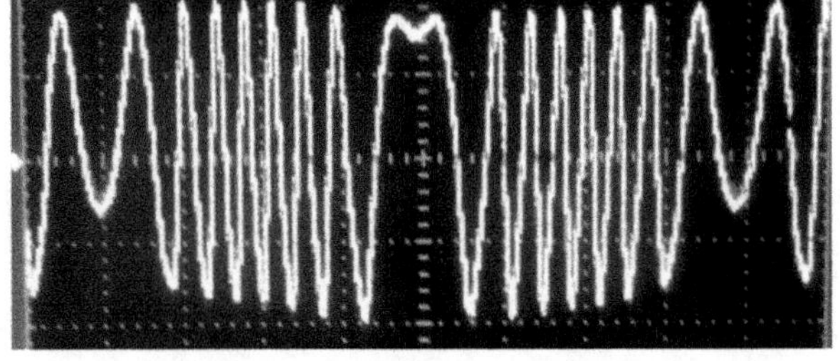

图 2.4.7 示波器显示拍频波形

式中，T 为音叉振动周期. $\int_0^{\frac{T}{2}}F_拍(t)\mathrm{d}t$ 表示 $T/2$ 时间内的拍频波的个数. 所以，只要测得拍频波的波数，就可得到微弱振动的位移振幅.

波形数由完整波形数、波的首数、波的尾数三部分组成，根据示波器上显示计算. 这里将 1/4 波形算 0.25 个波形，是可直接计数的最小波形. 不满 1/4 个波形部分为首数及尾数，不可直接计数，可按反正弦函数折算为波形的分数部分，即

$$波形数=可直接计数波形数+\frac{\sin^{-1}a}{360^\circ}+\frac{\sin^{-1}b}{360^\circ}$$

式中，a，b 为波群的首、尾幅度和该处完整波形的振幅之比. 如图 2.4.8 所示，在 $T/2$ 内，整数波形数为 4，尾数分数部分已满 1/4 波形，未满 1/4 波形部分 $b = h/H = 0.6/1 = 0.6$，所以，

$$\text{波形数} = 4 + 0.25 + \frac{\sin^{-1} 0.6}{360°} = 4.25 + \frac{36.8°}{360°} = 4.25 + 0.10 = 4.35$$

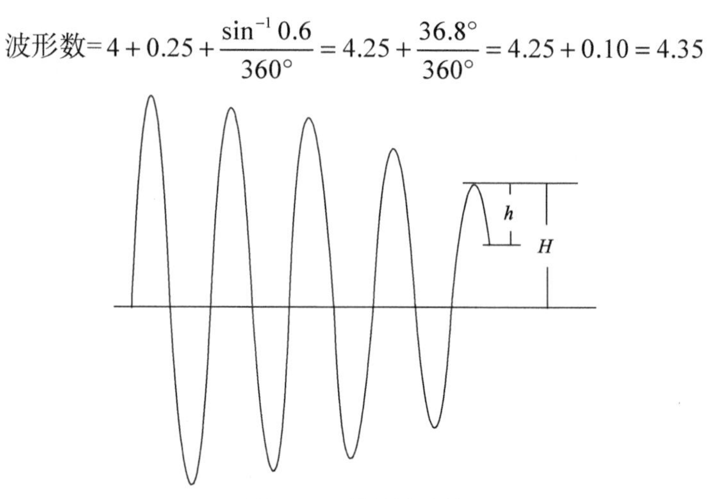

图 2.4.8　计算波形数

【实验步骤】

实验平台和实验面板见图 2.4.9 和图 2.4.10

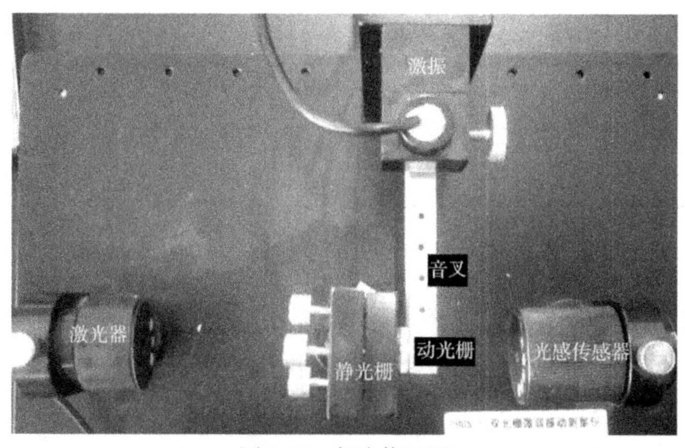

图 2.4.9 实验装置图

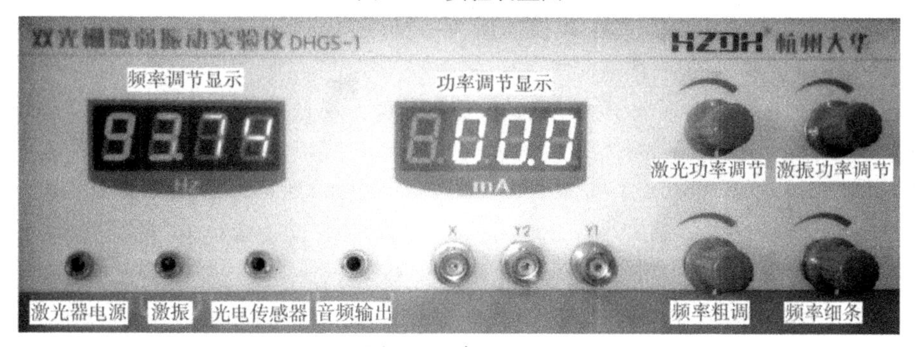

图 2.4.10 仪器面板

1. 将示波器的 Y_1、X 外触发输入端接至双光栅微弱振动测量仪的 Y_1、X 的输出插座上，开启各自的电源

2. 几何光路调整

实验平台上的“激光器”接实验仪面板上的“激光器电源”，将激光器、静光栅、动光栅摆成一条直线. 开启实验仪电源，将实验仪面板上的“激光功率调节”调至最大，让激光穿过静、动光栅，入射在挡光板上. 为了使动、静栅达到刻线平行的理想状态：调节静光栅和动光栅的相对较远位置(>30 mm)，使挡光板上光点保持在一条直线上；再次调节它们相对较近的位置(2～5 mm)，观察挡光板上的光点，单个的光点最接近于圆点时为宜. 挪开光挡板，将光电传感器放回原位，调节其接收光孔位置，使得最强的一个光点射入孔内.

3. 音叉谐振调节

先调节好实验平台上音叉和激振换能器的间距，一般 0.3 mm 为宜，可使用塞尺辅助调节. 将“激振功率调节”调至最大，调节“频率粗调”旋钮至 500 Hz 附近，然后调节“频率细调”旋钮，使音叉谐振. 调节时用手轻轻地按音叉顶部，找出调节方向，如音叉谐振太强烈，将“激振功率调节”旋钮，使振动减弱，使在示波器上看到的 $T/2$ 内光拍的波数为 8～15 个. 记录此时音叉振动频率，屏上完整波的个数，不足一个完整波形的首数及尾数值以及对应该处完整波形的振幅值.

4. 测出音叉振动偏离谐振点时作微弱振动的位移振幅变化(表 2.4.1)，并在坐标纸上画出音叉的频率-振幅曲线

表 2.4.1 音叉振动偏离谐振点时的相关测量数据 (谐振频率 ν_0=________Hz)

频率/Hz	$\nu_0-0.4$	$\nu_0-0.3$	$\nu_0-0.2$	$\nu_0-0.1$	谐振频率 ν_0	$\nu_0+0.1$	$\nu_0+0.2$	$\nu_0+0.3$	$\nu_0+0.4$
波形数									
振幅									

【思考题】

(1) 如何判断动光栅与静光栅的刻痕已平行?

(2) 本实验测量方法有何优点？测量微振动位移的灵敏度是多少?

【阅读材料】

随着稳频激光器的出现，光拍频技术成为一种很容易实现的技术，因而在现代科技的许多领域内得到了重要的应用.

光拍频和光干涉两种干涉现象都满足干涉条件. 双光束具有稳定位相差及相同振动方向这两个条件，而频率是否相等可作为区别两种干涉的标志. 两种干涉都是干涉项中相位差的有规律变化. 对光程差干涉而言，是相位差的空间部分有规律变化，而对拍频干涉而言，是时间部分有规律变化. 可以把干涉现象理解为：两束光波叠加时，由于相位差有规律变化（不是随机变化）而引起强度起伏的现象. 这样上述两种现象本质一样. 光程差干涉是强度随空间相位变化的一种现象，而拍频干涉是强度随时间相位变化的一种现象.

现代科技中常使用的光外差技术也是利用光拍频原理的一种技术.

实验 2.5　混沌加密通信实验

自 1990 年美国海军实验室的 Pecora 和 Carroll 发现在一定条件下混沌系统可以实现同步之后，利用混沌和混沌同步实现保密通信已经成为近年来保密通信技术的研究热点和竞争最为激烈的混沌应用研究领域. 现在的混沌保密通信大致分为三大类：第一类是直接利用混沌进行保密通信；第二类是利用同步的混沌进行保密通信；第三类是混沌数字编码的异步通信. 美国陆军实验室率先与马里兰大学合作，研究了第一类混沌的通信. 第二类的混沌同步通信是当前国际上研究的一大热点. 迄今已经提出和发展了同步混沌通信三大保密技术：混沌掩盖、混沌调制和混沌键控三种技术.

【实验目的】

(1) 进一步了解蔡氏混沌系统的基本结构.
(2) 了解利用混沌同步加密通信的基本原理.
(3) 掌握用混沌掩盖对模拟信号进行加密通信的实验方法.
(4) 掌握用混沌键控对数字信号进行加密通信的实验方法.

【实验仪器】

FB816A 型非线性电路混沌效应实验仪、有源非线性负阻元件(NR)、电感器 L 和电容器 C_1、电容器 C_2、可变电阻 R_V、单向耦合器、加法器、减法器、示波器、连接线若干等.

【实验原理】

1. 混沌加密通信的原理

混沌是非线性动力学系统所特有的一种运动形式，是自然界普遍存在的复杂现象. 混沌信号具有丰富的非线性动力学特性，如何合理利用和控制混沌信号，使之产生很好的应用价值，是目前许多研究者正在努力研究的问题. 混沌同步控制是控制混沌的主要方法之一，它的主要思想是利用一个混沌系统的混沌信号来驱动和控制另外一个混沌信号，即使两个系统状态初始值相差很大，但最终两个系统状态能够完全趋于一致，即两个系统状态误差趋于零. 混沌同步的应用领域很多，包括保密通信、扩频通信、信息压缩与存储等. 蔡氏混沌系统是蔡氏等提出的一种新的吸引子. 近年来，关于蔡氏系统本身特性的研究以及控制与同步的研究越来越多. 目前，关于该系统的电路实现和同步控制的电路实现的研究报道不多. 考虑到将蔡氏系统应用于实际应用的需要，我们参阅了相关资料，确定了该系统的电路实现方案. 这里介绍以下蔡氏混沌系统的电路实现问题，详细分析电路方程，给出实现蔡氏混沌吸引子的完整电路图. 其次，进行了两个蔡氏系统的同步控制实验研究，利用单变量耦合回馈控制方法实现了同步控制，并给出了同步控制参数的取值范围.

2. 混沌通信的两种基本方法

混沌现象是非线性系统中出现的确定性的、类随机的过程. 它是非周期的、有界的，但不收敛的过程，并对初始条件极为敏感. 根据混沌序列对初始条件的敏感性，可用于多址通信；它的类噪声特性可提高通信系统的保密性；它的准确再生，可以用于混沌掩盖和信号恢复. 混沌保密通信的基本思想是利用混沌信号作为载波，将传输信号隐藏在混沌载波之中，或者通过符号动力学分析赋予不同的波形以不同的信息序列，在接收端利用混沌的属性或同步特性解调出所传输的信息. 因此收发双方的混沌同步是整个系统实现的关键. 同步的前提是双方的混沌序列发生器需要有相同的初始值.

同步混沌通信三大保密技术可以分为：混沌掩盖技术、混沌参数调制技术和混沌键控技术. 混沌掩盖技术属于混沌模拟通信，混沌参数调制和混沌键控技术属于混沌数字通信技术. 首先，介绍这两种混沌同步通信技术.

1)混沌掩盖技术

混沌掩盖又称混沌遮掩或混沌隐藏，是较早提出的一种混沌保密通信方式. 其基本思想是在发送端利用混沌信号作为一种载体来隐藏信号或遮掩所要传送的信息，在接收端则利用同步后的混沌信号进行“去掩盖”，从而恢复出有用信息.

在混沌掩盖技术中的掩盖方式如下.

(1)相乘方式：可以表示为

$$SX(t)=S(t)\cdot X(t)$$

(2)相加方式：可以表示为

$$SX(t)=S(t)+X(t)$$

(3)加乘结合方式，可以表示为

$$SX(t)=[1+kS(t)]\cdot X(t)$$

在此仅以相加为例，假设 $X(t)$ 为发送机的输出混沌信号即传输信号， $S(t)$ 为要传送的信息信号. 那么经过混沌掩盖后， $X(t)+S(t)$ 成为新的传输信号，接收端与 $X(t)$ 同步的输出为 $X'(t)$ ，由 $X(t)+S(t)-X'(t)$ ，即可恢复信息信号，实现混沌掩盖通信的目的. 将信号信息和发射机的载波信息一起发送到接收端，接收端的输出与发送信号相比较. 在混沌掩盖系统中，发送信息直接由注入电流调制而得或通过外部调制方式，对保密通信来说，信息的幅度一定要小于混沌载波偏差的的平均值，常常是混沌载波幅度波动的百分之几. 在接收端，混沌载波在一定的条件下可以被再生出来. 因此信息可以通过将发射机的输出减去接收机的输入来获得. 由于混沌信号的宽带类噪声特点，将信息信号隐藏或叠加到混沌信号上发送后，一般会以为是噪声信号，而窃听者也很难以从中窃取到信息信号，只有通过混沌同步解调，才可以得到发送的信息信号，由此达到保密的效果. 这种通信方式的实现程度完全依赖于混沌系统同步的实现程度. 实现混沌同步的方法有：驱动-响应同步法、主动-被动同步法、基于耦合的同步法、误差反馈同步法、自适应同步法、DB 同步法(又称差拍同步法)、神经网络同步法、变量反馈微扰同步法、冲击同步法等. 由此可知，对保密通信来说，传输信号的幅值一般都较小，这样才可以保证混沌信号不偏离原有的混沌轨迹. 但是由于传输信号的幅值较小，导致该方案容易受到信道噪声的干扰. 另外它是利用非线性动力学预测技术将掩盖在混沌信号下的传输信号提取出来，因此还不能提供高质量的通信服务. 这种方案只适用于慢变信号，对快变信号和时变信号还不能很好的处理.

2)混沌键控技术

混沌键控技术的实现主要可分为两类. 一种是利用所发送的数字信号调制发送端混沌系统的参数使其在两个值中切换，信息便被编码在两个混沌吸引子中，接收端由两个相同类型的混沌系统构成，其参数分别固定为这两个值之一. 信息发送间隔内通过检测各混沌系统的同步误差，以判决出所发送信息. 在混沌键控技术中，由于解调一般是通过对误差信号的判别来实现的，因而无法得到最优的判决门限. 另一方面，可以利用混沌系统在实现同相同步的同时，实现反相同步，以及奇异非混沌吸引子同步等方式实现混沌键控通信. 另一种实现方式是差分混沌键控技术. 它将发射的每一个信息比特的时间间隔分成两段：第一段传送参考信号， 第二段传输数字信号(信息). 也就是在每个信息发送间隔内增加参考信息，该参考信息取决于所发送的数字信号，然后利用该信号实现相关解调，从而在接收端恢复所传输的信号.

3. 蔡氏系统的电路实现及混沌加密通信线路结构

本实验装置实际采用图 2.5.1 所示电路实现混沌加密通信，图中电路由多个模块搭建而成.

模块 1：蔡氏混沌电路由非线性有源负阻元件、电容、电感等组成的发射电路；

模块 2：与模块 1 结构完全相同的接收电路；

模块 3：单向耦合器，由射随电路构成，通过它把发射端的控制、同步信号传送给接收端；

模块 4：由运放构成的加法器，通过它使混沌信号对模拟信号进行掩盖加密处理；

模块 5：由运放构成的减法器，通过它使混沌信号对加密信号模拟信号进行恢复解密处理.

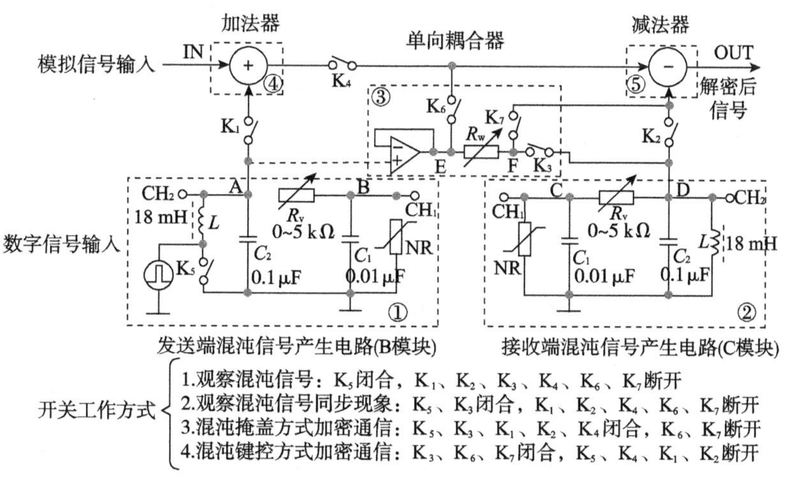

图 2.5.1　用蔡氏电路进行混沌控制，同步和加密通信实验示意图

【实验步骤】

观察混沌信号及非根鲍姆常数测量部分内容在实验 3.10 中已叙述，在此不赘述.

1. 熟悉图 2.5.2 框图所示的混沌加密通信实验仪的实验工作流程

2. 观察 FB816A 型混沌加密通信实验仪的发射端与接收端的混沌信号的控制与同步现象，实验接线图请参考附录中的图 2.5.6

观察二路混沌信号的同步现象：

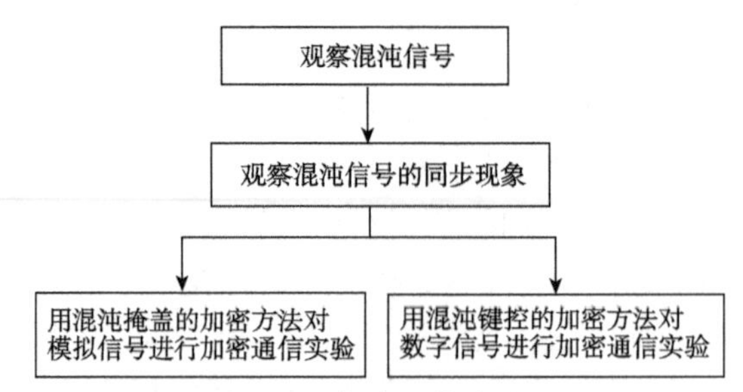

图 2.5.2 混沌加密通信实验流程图

按图 2.5.3 连接实验线路，把两个完全相同的蔡氏电路模块 B,C 用单向耦合器连接起来，它们的信号输出端 CH_2 分别接到双踪示波器的 X,Y 输入端，用观察李萨如图来判断两路混沌信号是否同步. 适当调节单向耦合器的 R_V，使同步良好.

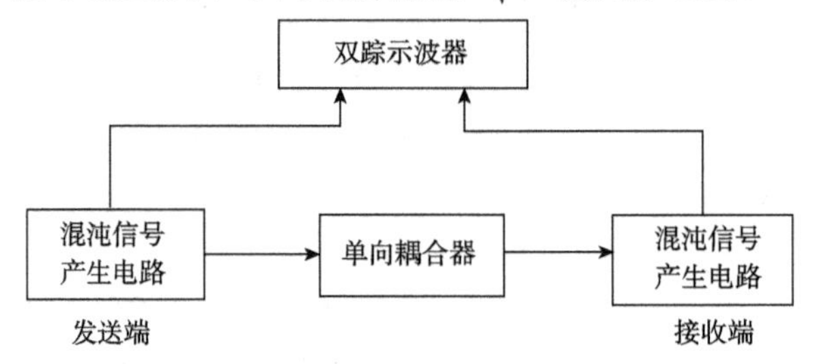

图 2.5.3 观察混沌信号的同步现象示意图

3. 用混沌掩盖方式进行模拟信号的加密通信，请参考附录中的图 2.5.7

用混沌掩盖加密方式进行模拟信号的加密通信：

(1) 按图 2.5.4 把两个完全相同的蔡氏电路模块 B,C 用单向耦合器连接起来，在图 2.5.3 的基础上，仔细调节使混沌电路达到同步良好.

(2) 把信号发生器的输出模拟信号接到输入端 IN 处，信号经加法器，被发送端混沌信号掩盖加密后由发送端发送，接收后经过减法器把加密信号恢复，在信号输出端 OUT 输出复原的模拟信号波形.

(3) OUT 与示波器 Y_1 通道连接，原始信号用专用线连接到 Y_2，通过观察两通道的波形对比，确定加密通信的效果.

4. 用混沌键控方式进行数字信号的加密通信，请参考附录中的图 2.5.8

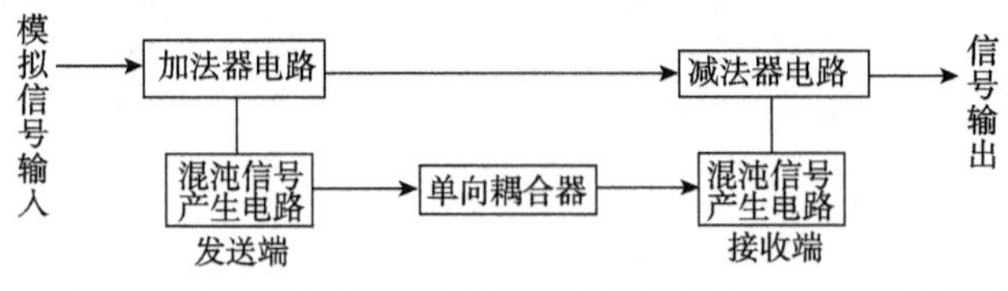

图 2.5.4 用混沌掩盖的加密方法对模拟信号进行加密通信的实验示意图

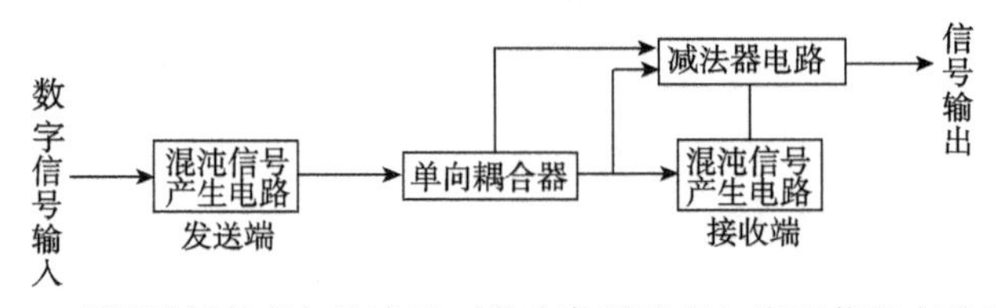

图 2.5.5 用混沌键控的加密方法对数字信号进行加密通信的实验示意图

*用混沌键控加密方式进行数字信号的加密通信(选做)：

(1)按图 2.5.5 把两个完全相同的蔡氏电路模块 B，C 用单向耦合器连接起来，在图 2.5.4 的基础上，使同步良好.

(2)断开 K_5，从该处输入外接数字信号，信号经发送端混沌信号键控加密后由发送端发送，接收后经过减法器把加密信号恢复，在信号输出端 OUT 输出复原的数字信号.

(3)OUT 与示波器 Y_1 连接，原始信号用专用线连接到 Y_2，通过观察两通道的波形对比，确定加密通信的效果.

【思考题】

(1)通过本实验请阐述：混沌同步，混沌掩盖加密、混沌调制加密和混沌键控加密的含义.

(2)非线性负阻电路(元件)，在本实验中对混沌掩盖加密，混沌键控加密技术有哪些影响?

(3)实验中蔡氏混沌系统参数(如电感，电容器等)对混沌加密有哪些影响?

【注意事项】

(1)每次按实验操作要求接线后，要认真检查确保正确无误，再接通电源，避免因操作失误造成实验失败.

(2)每次实验完毕应先关闭工作电源后再拆除连接线.

(3)仪器应先预热10 min后，再开始实验并测量.

【附录】实验接线图

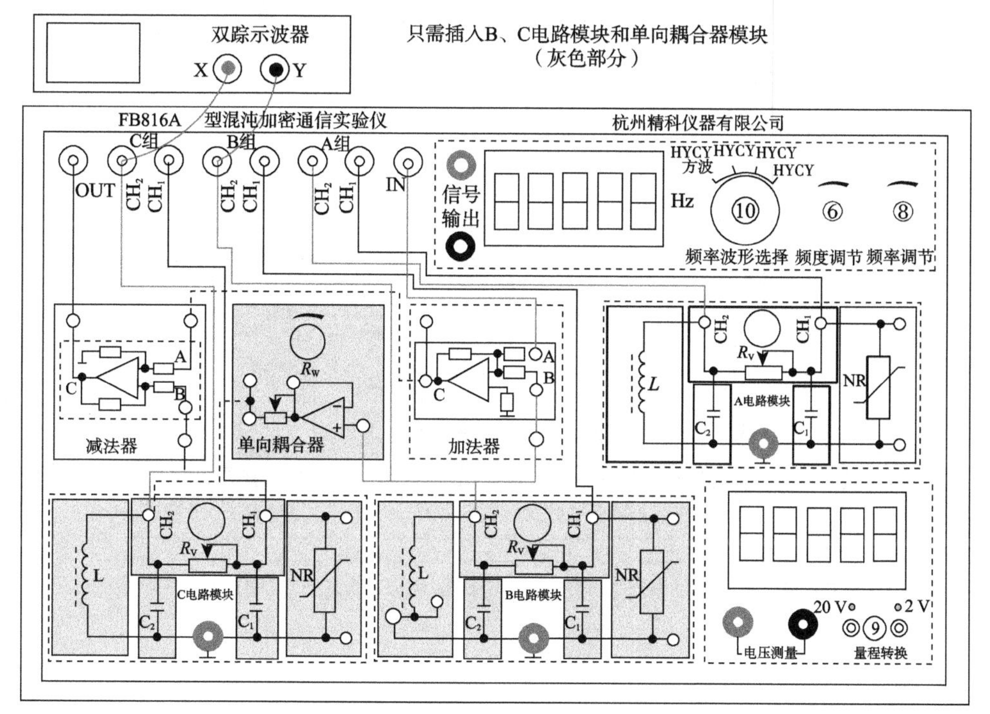

图 2.5.6　观察混沌信号的同步现象实验线路图

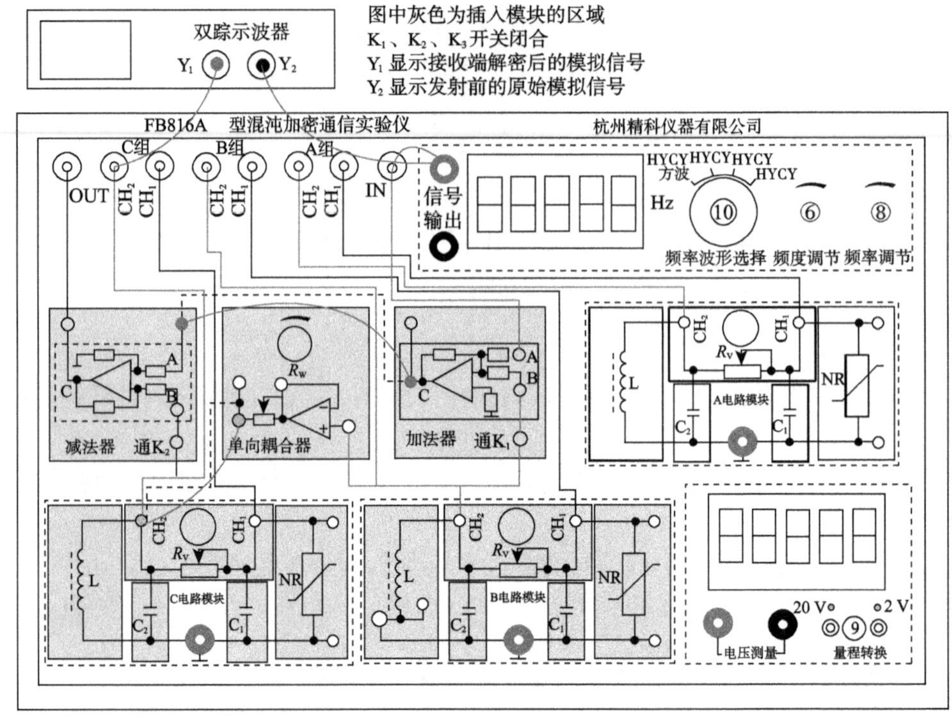

图 2.5.7 用混沌掩盖加密方法进行模拟信号的加密通信实验接线图

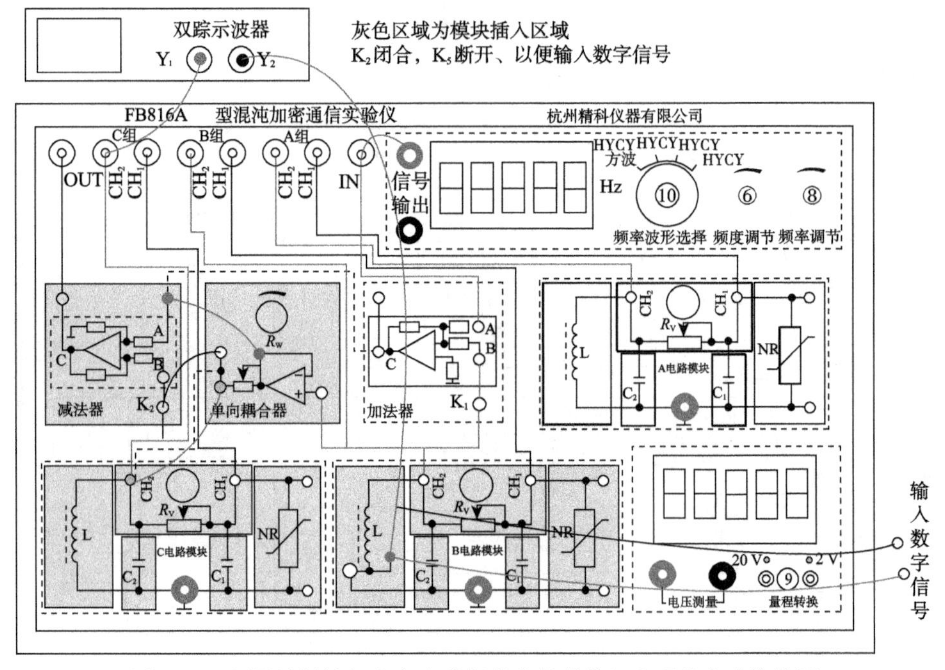

图 2.5.8 用混沌键控加密方法进行数字信号的加密通信实验接线图

实验 2.6　透镜组节点的测量

【实验目的】

了解透镜组节点的特性，掌握测透镜组节点的方法.

【实验仪器及装置】

测节点位置及透镜组焦距装置图如图 2.6.1 所示.

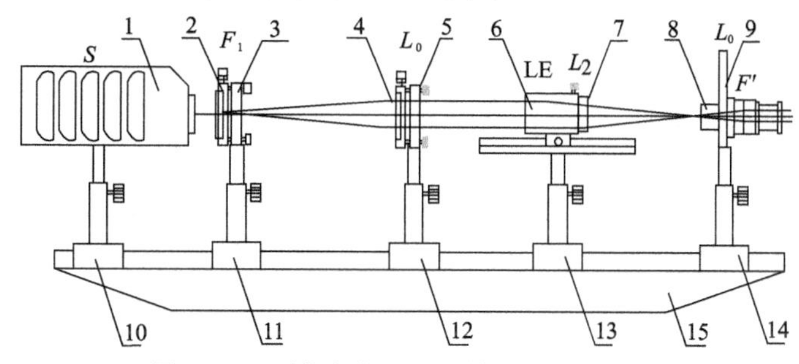

图 2.6.1　测节点位置及透镜组焦距装置图

1. 带有毛玻璃的白炽灯光源 S；2. 1/10 mm 分划板 F_1；3. 二维调整架(SZ-07)；4. 物镜 L_0(f_0=190 mm)；5. 二维调整架(SZ-07)；6. 透镜组 L_1、L_2(f_1=220 mm，f_2=300 mm)；7. 节点架(SZ-25)；8. 微测目镜 L_e ；9. 读数显微镜架(SZ-38)；10～14. 滑座；15. 导轨；16. 白屏 H

【实验原理】

光学仪器中的共轴球面系统、厚透镜、透镜组，常作为一个整体来研究. 这时可以用三对特殊的点和三对面来表征系统在成像上的性质. 若已知这三对点和三对面的位置，则可用简单的高斯公式和牛顿公式来研究成像规律. 共轴球面系统的这三对基点和基面是：主焦点(F，F')和主焦面，主点(H，H')和主平面，节点(N，N')和节平面，如图 2.6.2 所示.

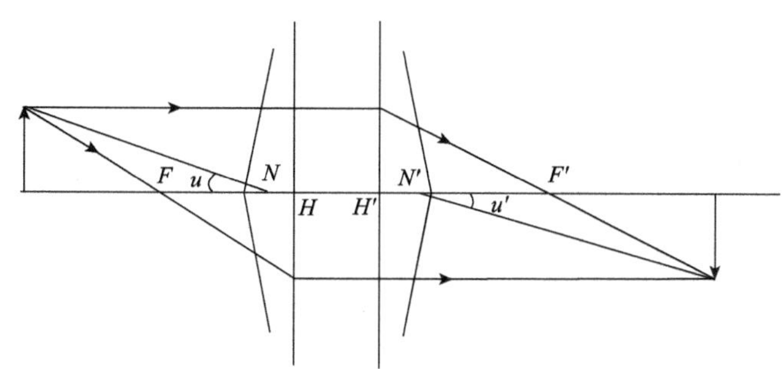

图 2.6.2　光学仪器中的共轴球面系统

实际使用的共轴球面系统——透镜组. 多数情况下透镜组两边的介质都是空气，根据几何光学的理论，当物空间和像空间介质折射率相同时，透镜组的两个节点分别与两个主点重合，在这种情况下，主点兼有节点的性质，透镜组的成像规律只用两对基点(焦点，主点)和基面(焦面，主面)就可以完全确定.

根据节点定义，一束平行光从透镜组左方入射，如图 2.6.3 所示，光束中的光线经透镜组后的出射方向，一般和入射方向不平行，但其中有一根特殊的光线，即经过第一节点 N 的光线 PN，折射后必然通过第二节点 N'，且出射光线 $N'Q$ 平行于原入射光线 PN.

设 $N'Q$ 与透镜组的第二焦平面相交于 F'' 点. 由焦平面的定义可知，PN 方向的平行光束经透镜组会聚于 F'' 点.

若入射的平行光的方向 PN 与透镜组光轴平行，F'' 点将与透镜组的主焦点 F' 重合，如图 2.6.4 所示.

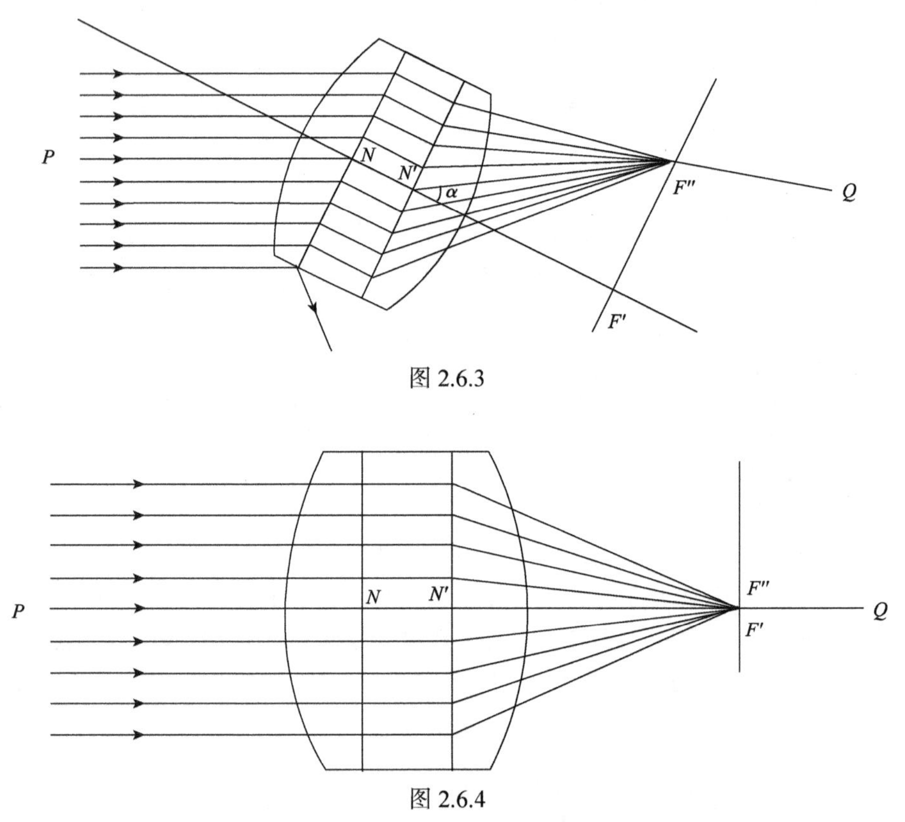

图 2.6.3

图 2.6.4

综上所述节点应具有下列性质：当平行光入射透镜组时，如果绕透镜组的第二节点 N' 微微转过一个小角 α，则平行光经透镜组后的会聚点 F' 在屏上的位置将不横移，只是变得稍模糊一点儿，这是因为转动透镜组后入射于节点 N 的光线并没有改变原来入射的平行光的方向，因而 $N'Q$ 的方向也不改变，又因为透镜组是绕 N' 点转动，N 点不动，所以 $N'Q$ 线也不移动，而像点始终在 $N'Q$ 线上，故 F'' 点不会有横向移动.至于 NF'' 的长度，当然会随着透镜组的转动有很小的变化，所以 F'' 点前后稍有移动，屏上的像会稍模糊一点. 反之，如果透镜组绕 N' 点以外的点转动，则 F'' 点会有横向移动，利用节点的这一特性构成了下面的测量方法.

使用一个能够转动的导轨，导轨侧面装有刻度尺，这个装置就是节点架. 把透镜组装在可以旋转的节点架的导轨上，节点架前是一束平行光，平行光射向透镜组. 接着将透镜组在节点架上前后移动，同时使架作微小的转动. 两个动作配合进行，直到能得到清晰的像，且不发生横移为止. 这时转动轴必通过透镜组的像方节点 N'，它的位置就被确定了；并且当 N' 与 H' 重合时，从转动轴到屏的距离为 $N'F'$，即为透镜组的像方焦距 f'. 把透镜组转 180°，使光线由 L_2 进入，由 L_1 射出. 利用同样的方法可测出物方节点 N 的位置，实验测量光路如图 2.6.5 所示.

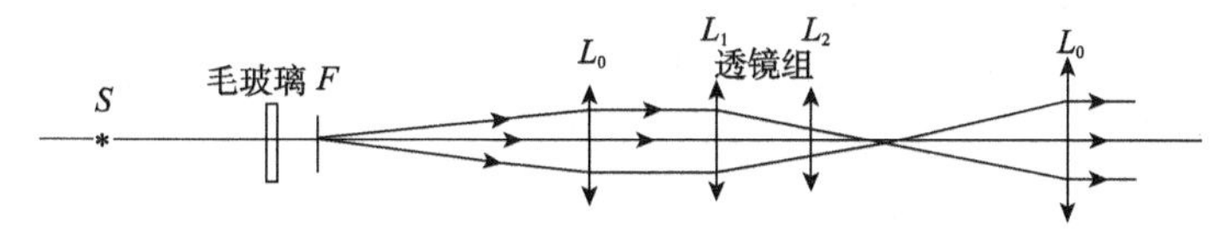

图 2.6.5　实际使用的共轴球面系统

【实验步骤】

(1) 调节由 F_1，L_0 组成的“平行光管”使其出平行光，可借助于对无穷远调焦的望远镜来实现.

(2) 将平行光管、待测透镜组、测微目镜，按图 2.6.1 的顺序摆放在导轨上，目测调至共轴.

(3) 前后移动测微目镜，使之能看清 F_1 处分划板刻线的像.

(4) 沿节点调节架导轨前后移动透镜组(同时也要相应地移动测微目镜)，直至转动导轨时，F_1 处分划板刻线的像无横向移动为止，此时像方节点 N' 落在节点调节架的转轴上.

(5) 用白屏 H 代替测微目镜，使分划板刻线的像清晰的成于白屏 H 上，分别记下屏和节点调节架在标尺导轨上的位置 a、b，再在节点调节架的导轨上记下透镜组的中心位置(用一条刻线标记)与调节架转轴中心(0 刻线的位置)的偏移量 d.

(6) 把节点调节架转 180°，使入射方向和出射方向相互颠倒，重复(3)～(5)步，从而得到另一组数据 a'、b'、d'.

【数据处理】

(1) 像方节点 N' 偏离透镜组中心的距离为：d；透镜组的像方焦距：$f'=a-b$；物方节点 N 偏离透镜组中心的距离为：d'；透镜组的物方焦距为：$f=a'-b'$.

(2) 用 1∶1 的比例画出该透镜组及它的各个节点的相对位置.

【注意事项】

(1) 必须仔细寻找节点的位置.

(2) 平行光调节应细心.

【思考题】

如何测三透镜组合的节点及焦距.

实验 2.7　迈克耳孙干涉仪

1881 年，美国物理学家迈克耳孙为了从实验上核实当时几乎是被科学界所公认的传播光的介质“以太”的存在并测出地球相对“以太”的速率，他与莫雷设计了著名的迈克耳孙-莫雷实验装置进行实验，结果却得到了否定的答案. 24 年后，德国物理学家爱因斯坦提出了光速不变的假设，圆满解释了迈克耳孙-莫雷实验结果，因而迈克耳孙-莫雷实验可以作为爱因斯坦相对论成立的一个例证，在物理学史上具有重要地位.

现在我们经常使用迈克耳孙干涉仪来精确测定长度或长度的变化，迈克耳孙干涉原理也被广泛应用在光学轮廓仪等表面精确测量设备中.

【实验目的】

(1) 掌握迈克耳孙干涉仪的调节方法.

(2) 测量 He-Ne 激光的波长.

(3) 观察各种干涉条纹，区别等倾干涉、等厚干涉和非定域干涉，巩固和加深对干涉理论的理解.

(4) 获取白光干涉现象.

【实验仪器】

迈克耳孙干涉仪、氦氖激光器、毛玻璃屏、钠光灯、白光灯.

【实验原理】

1. 仪器的结构和读数

迈克耳孙干涉仪结构如图 2.7.1 所示.

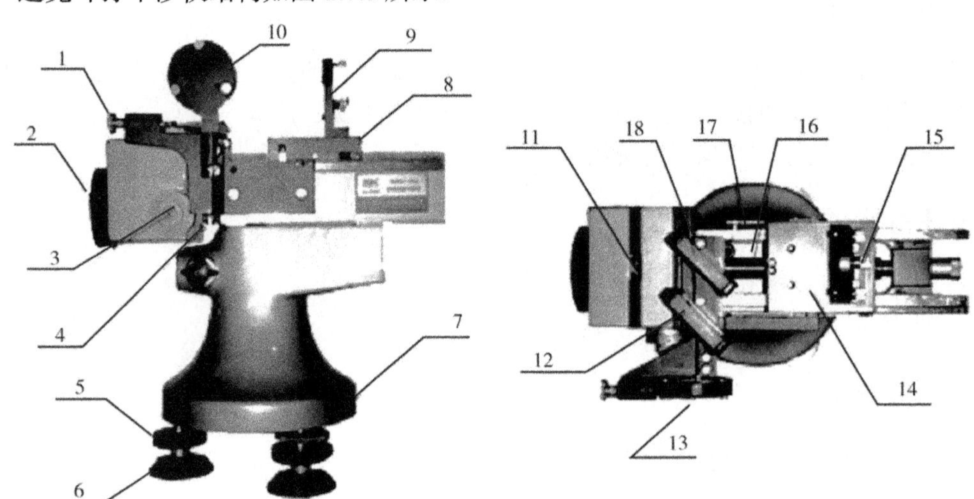

图 2.7.1　迈克耳孙干涉仪结构图

固定反射镜 10(M_2)，它的倾角可以通过在它背面的三个调整螺丝进行粗调，细调时，分别用 1 和 4 通过弹簧改变在水平和垂直方向上的倾角.

可移动反射镜 9(M_1)，它的倾角调整也是通过其背面的三个螺丝进行，但它没有细调. 可移动反射镜的法线应与丝杠共面. 所以，学生不要调节它的倾角. 可移动反射镜是安装在一个滑块上，通过丝杠 16 的转动可以使滑块沿导轨前后移动. 手轮 2 是通过一个传动比为 2 : 1 齿轮组带动丝杠转动，反射镜的移动距离可以在直尺 17 上读到毫米，在读数窗 11 中读到 0.01，微动手轮 3 是通过一个 100 : 1 涡轮蜗杆减速机构来实现反射镜的精细移动，在微动手轮上的最小读数值为 0.0001 mm.

分束镜 18(G_1)和补偿板 12(G_2)，以及固定反射镜 10 是安装在一个固定架上，这个固定架又与导轨固定在一起，使得整个光路处在一个比较稳定的状态.

导轨是固定在底座 7 上，底座由三个底角 6 支撑，可以通过调整螺丝调节整个仪器的水平.

迈克耳孙干涉仪的光路图如图 2.7.2 所示.

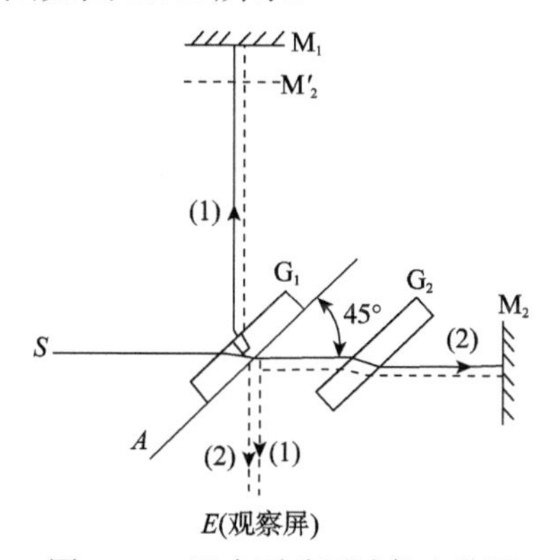

图 2.7.2　迈克耳孙干涉仪光路图

G_1：平行平面玻璃. G_1 的背面有镀银或镀铝的半透膜 A，这个半透膜将光束一分为二，一半反射(光束(1))，一半透射(光束(2))，所以 G_1 称为分光板. 半透膜 A 所镀银层的厚度，以使反射光和透射光进入观察屏时强度相等为准.

G_2：是与 G_1 的折射率和厚度都相同的平行平面玻璃板，G_2 和 G_1 互相平行. G_2 主要起补偿光程的作用，因而叫补偿板. 因为不加 G_2 时，光束(1)经过玻璃板三次，而光束(2)则经过一次. 加了 G_2 后，光束(2)也经过玻璃板三次. 这种补偿单色光照明时并不需要，因为光束(1)在经过玻璃板时所增加的光程可以用空气中的行程补偿. 但是用白光作光源时，因为玻璃板有色散，对于不同的波长增加的光程不同，无法用空气中的行程补偿各种波长的光所增加的程差. 如果要观察白光的干涉现象，要求发生干涉时各种波长的光程都在零光程差附近，所以用 G_2 来补偿各种波长的光程差.

M_1：全反射镜，与 G_1 约成 45°. 背后有三个调节螺钉，用以调节 M_1 镜面的角度. 由于可移动反射镜的法线应与丝杠共面，所以实验过程中不能调节它的倾角. M_1 镜面的角度调节是校准用的. M_1 装在移动拖板上，可以沿精密的平直导轨前后移动，其位置可以从导轨上的标尺、转动的粗调转轮上及微调转轮的刻度盘上读出. M_1 镜有两种移动速度，一是快速移动至适当的位置；二是微量移动，可对干涉条纹进行计数. 因此设计了操作很方便的联合器. 当需要 M_1 镜快速移动时，只要调节粗调转轮即可，若需要微量调节时只需转动微调转轮即可. 因为机械传动时有相对于迈克耳孙干涉仪最小精度上千倍的间隙，所以在一个方向带紧传动时突然反方向就会进入读数改变但实际 M_1 位置不变的空回区，因此在读数过程中必须朝一个方向移动，中途不得改变移动方向，以防止空回误差.

M_2：全反射镜，与 G_1 约成 45°，与 M_1 大致互相垂直. M_2 的位置是固定的，它背后也有三个调节螺钉，用以调节 M_2 镜面的角度，并且在它下端还有两个互相垂直的带有弹簧装置的微调螺钉，可以更精密地调整 M_2 镜面的角度.

干涉仪有三个读数尺，某一时刻 M_1 的位置为这三个读数之和. 主尺在导轨的侧面，最小分度为 1 mm. 粗调转轮相对应的刻度在干涉仪正上方窗口位置，一圈刻度盘分为 100 等分，转一整圈等于侧面主标尺走一个最小分度 1 mm，粗调转轮转过一个小格，M_1 镜沿导轨移动 0.01 mm. 微调转轮的刻度盘也是 100 等分，它转过一周等于粗调刻度盘走一个最小分度，故微调转轮转过一小格，M_1 镜移动 10^{-4}mm. 三个读数以读数指示线为参考线正视读出.

2. 光路

从光源 S 发出一束光，射到 G_1 上，折射后，在镀银面 A 处分为两束(由 G_1 前表面反射的光，其强度很弱，暂不考虑)，其中被 A 面反射的光束(1)射到 M_1 镜反射后再折回来，再透过 A 进入观察系统 E 处；被 A 面透射的光束(2)，通过 G_2 并经 M_2 反射折回到 A，在 A 处反射后也进入观察系统. 两束光由于分自同一束光，因而是相干光束，可以产生干涉. 要了解干涉仪的干涉现象，可以作出 M_2 经 A 面反射后的虚像 M_2' (A 面由于镀了银，所以就是一个反射镜，根据反射定律作图，便可得到虚像 M_2')，它的位置在 M_1 附近. 当在 E 处观察时，将看镜面 M_1 和虚像 M_2'，此两表面构成一个空气薄膜层，因此，相干光就如同由这个空气层的两个表面反射所产生的一样. 迈克耳孙干涉仪的作用就在于制造这样一个假想的空气层. 镜 M_1、M_2 的背面各有三个调节螺钉，用来调节它们的相对位置. M_2 镜的下端两个互相垂直的微调螺钉，可以更精确地调整 M_1、M_2 之间的相对位置，使它们达到准确的垂直，或成微小夹角.

如果 M_1 和 M_2 准确地相互垂直，则空气层的两平面严格平行(图 2.7.3)；如果 M_1、M_2 不十分垂直，则两平面形成一个楔形的空气层(图 2.7.4). 空气层的厚度 d 可移动 M_1 的位置来改变. 利用这种仪器可以产生各种情况——厚的、薄的、平行平面的和楔形平面的干涉现象.

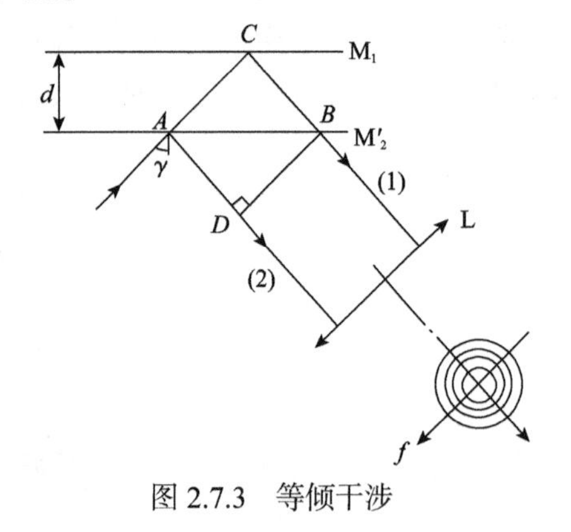

图 2.7.3 等倾干涉

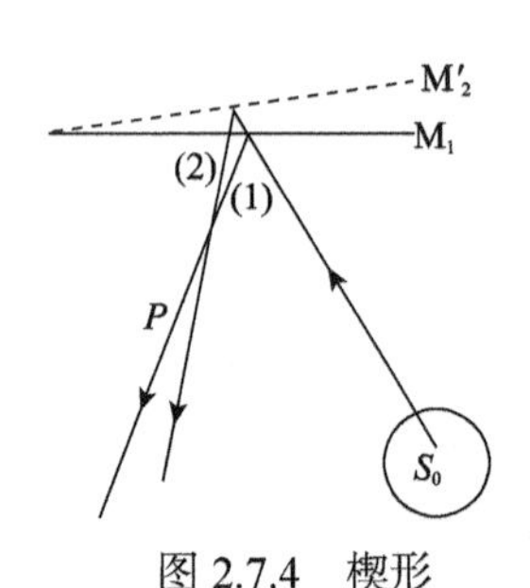

图 2.7.4 楔形

3. 光源、干涉条纹的形状及定位

光的干涉实验一般使用单色光源，实验常用单色光源有钠光、He-Ne 激光.

若相干光为两个点光源，则出现干涉的范围应遍及光源周围的整个空间，这种干涉称为非定域干涉，其条纹形状与接收屏的位置有关.

干涉条纹有圆形、直线、双曲线、抛物线、椭圆等，但实际应用一般都取圆形与直线形，其他形状条纹较复杂，所以我们只讨论圆形和直线形两种干涉条纹.

若相干光源为扩展光源(面光源)，则光源上每一点对周围空间各点都有贡献，但只有在某个位置上才能都得到清晰的干涉条纹. 也就是说，扩展光源所产生的干涉条纹位于某一定的位置，故称这种干涉为定域干涉.

点光源：一般凸透镜会聚后的激光束可以认为是一个很好的点光源发出的光. 由于观察非定域干涉条纹是从接收屏 E 上观察，这时的激光对眼睛伤害不大.

本实验也可使用钠灯扩展光源，最简单的办法是在钠灯前面加一块毛玻璃屏或描图纸屏，即可以得到扩展光束(激光扩束后加毛玻璃屏也可以得到扩展光束).

4. 干涉条纹的形状

1）等倾干涉条纹

当 M_1、M_2 互相严格垂直时，M_1、M_2' 互相平行(图 2.7.3)，使用扩展光源(面光源)使得等倾干涉比较容易实现. 入射角为 γ 的光线经 M_1、M_2 反射成为光束(1)、(2)两支，(1)、(2)相互平行，它们产生的干涉图样是一组定域在无穷远的等倾圆环条纹. 两光程差 ΔL 计算如下.

过 B 作光线(2)的垂线 BD

$$\begin{aligned}\Delta L &= AC + CB - AD \\ &= \frac{2d}{\cos\gamma} - 2d\tan\gamma\cdot\sin\gamma \\ &= 2d\left(\frac{1}{\cos\gamma} - \frac{\sin^2\gamma}{\cos\gamma}\right) \\ &= 2d\cos\gamma\end{aligned} \tag{2.7.1}$$

可见，在 d 一定时，光程差只决定于入射角. 若用透镜 L 把光束会聚，则出射角相同的光线在透镜 L 的焦面上发生干涉. 干涉条纹将是一个以透镜光轴为圆心的一组明暗相间的同心圆. 也可以用眼睛直接观察，因为眼睛有自动调焦作用，因此也可观察到同样的现象.

形成亮纹的条件为

$$\Delta L = 2d\cos\gamma = N\lambda \tag{2.7.2}$$

从式(2.7.2)可以看到：

(1)当 d 一定时，γ 越小，N 越大，圆条纹中心处，$\gamma = 0$. 由式(2.7.2)可得 $N_0=2d/\lambda$，即圆心处对应的干涉级为最高，等倾条纹的干涉线是从中心向外递减的.

(2)对于某一圆环，N 值一定，与之相应的光程差为一常数，$\Delta L=2d\cos\gamma$=常数. 那么，当 d 减小时，$\cos\gamma$ 必须增大，γ 变小，所以看到圆环逐渐“收缩”，最后在中心处消失. 反之，当 d 增加时，圆环中心“冒出”并向外扩展，显然，M_1 平移 $\lambda/2$ 的距离，在中心“收缩”或“冒出”一个条纹.

(3) 同一组条纹中(d 一定)，靠中心部位，条纹稀疏；越靠边缘，条纹越密.

(4) 当 d 减小时(移动 M_1)，条纹一个个“缩”进去，并且条纹变粗变稀；当 M_1 与 M_2 完全重合，视场是均匀的，因为这时对于各个方向的入射光程差均相等；如果继续移动 M_1，使 d 增加，则条纹又不断由中心冒出，并且条纹变细变密.

2) 等厚干涉条纹

当 M_1 与 M_2' 相当接近并且相互倾斜成一角度很小的楔时，由扩展光源中心 S_0 发射出的光束经 M_1、M_2' 反射后的两束光(1)、(2)相交于定域面上某点 P，两束光的光程差可以近似地用 $\Delta L=2d\cos\gamma$ 来计算.

在 M_1、M_2 两镜相交处，$d=0$，所以 $\Delta L=0$，应出现直线亮纹，称为中央亮纹. 如果入射角不大，$\cos\gamma\approx 1-\dfrac{1}{2}\gamma^2$，故 $\Delta L=2d\left(1-\dfrac{1}{2}\gamma^2\right)=2d-d\gamma^2$. 在中央条纹附近，$d$ 很小，而且因为 γ 也很小，所以 $d\gamma^2$ 项可以略去，则

$$\Delta L=2d \tag{2.7.3}$$

即在同一厚度 d 的地方，光程差相等，干涉条纹仅取决于厚度，故称为等厚干涉条纹.

在离中央条纹较远的地方，因 d 较大，$d\gamma^2$ 项的影响增大，光程差不仅取决于 d，而且还与 γ 有关. 随着 d 的增大，M_1 与 M_2' 的距离增大，条纹将发生弯曲，弯曲的方向是凸向楔棱一边，同时条纹的可见度下降. 迈克耳孙干涉仪产生的这种条纹一般不属于等厚条纹，只是当楔形平板很薄，且观察面积很小时(即 M_1 与 M_2 相当接近并成一楔角时)，可近似地看成是等厚条纹. 等厚条纹是一些平行于楔棱的等距离直线. 同样地，M_1 每移动 $\gamma/2$，就有一条纹从观察仪器的叉丝越过.

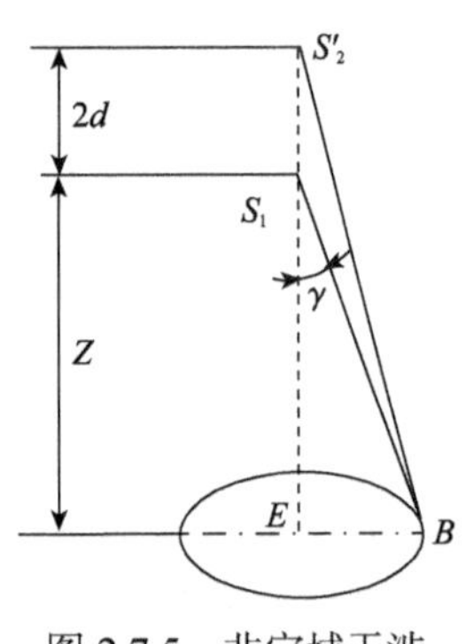

图 2.7.5 非定域干涉

3) 点光源产生的非定域干涉条纹

若光源为一点光源(用凸透镜会聚后激光束可认为是从一个很好的点光源发出的光束)，它向空间传播球面波. 经 M_1、M_2 反射后，如图 2.7.5 所以，可以看成是从两个虚光源 S_1、S_2' 发出的球面波在它们相遇的空间处处相干，因此是非定域的干涉条纹. 用平面的屏观察干涉条纹时，不同的地点可观察到圆、椭圆、双曲线、直线状的条纹(在迈克耳孙干涉仪的实际情况下，放置屏的空间是有限制的，只有圆和椭圆容易出现). 通常，把屏放在垂直于 S_1S_2' 的连线上，对应的干涉条纹是一组同心圆，圆心在 S_1S_2' 延长线和屏的交点 E 上.

由 S_1S_2' 到屏上任一点 B 两光线的光程差 ΔL 为

$$\Delta L=\sqrt{(z+2d)^2+R^2}-\sqrt{z^2+R^2}$$
$$=\sqrt{z^2+4zd+4d^2+R^2}-\sqrt{z^2+R^2} \tag{2.7.4}$$
$$=\sqrt{z^2+R^2}\left[\sqrt{1+\frac{4zd+4d^2}{z^2+R^2}}-1\right]$$

$z\gg d$ 时，把式(2.7.4)泰勒展开

$$\Delta L=\sqrt{z^2+R^2}\left[\frac{1}{2}\frac{4zd+4d^2}{z^2+R^2}-\frac{1}{8}\left(\frac{4zd+4d^2}{z^2+R^2}\right)^2\right]$$
$$=\frac{2zd}{\sqrt{z^2+R^2}}\left[1+\frac{dR^2}{z(z^2+R^2)}\right] \tag{2.7.5}$$
$$=2d\cos\gamma\left[1+\frac{d}{z}\sin^2\gamma\right]$$

由式(2.7.5)可知：

(1) γ=0 时的光程差最大，ΔL=2d，即圆心 E 点所对应的干涉级别最高. 移动 M_1，d 增加或减小时，可以看到圆环一个个自中心“冒出”或“缩进”一个圆环. M_1 移动 $\lambda/2$，设 M_1 移动 Δd 距离，相应地“冒出”或“缩进”的圆环数目为 ΔN，则

$$\Delta d=\frac{1}{2}\Delta L=\Delta N\cdot\frac{\lambda}{2} \tag{2.7.6}$$

从仪器上读出 Δd 及数出相应的 ΔN，可以测出光波波长 λ. 测定氦氖激光波长就是根据这个原理.

(2) d 增大时，程差 ΔL 每改变一个波长 λ 所需的 γ 的改变值减小，即亮环之间的间隙变小，看上去条纹变细变密. 反之，d 减小时，条纹变粗变稀.

4) 白光干涉条纹

观察白光的干涉条纹，只有当 M_1、M_2' 与半镀银膜面 A 的距离相等时才能观察得到，即除了在两光路的光程差不超过几个波长的情况下，是看不到干涉条纹的. 观察白光彩色条纹时须使 M_1 和 M_2' 相交(交角小则条纹宽)，这时观察到十几条平行的直彩色条纹，中央条纹是由各种不同波长的中央条纹叠加而成的暗条线，但是暗线两侧由于不同波长的条纹不再重合，而形成左右对称的彩色条纹(如果 M_1 和 M_2' 严格平行，则出现圆条纹).

白光干涉条纹可以用来确定 ΔL= 0 这一位置，即确定两光路的光程相等这一位置. 这一点有重要意义，因为利用它可以进行一些准确的测量. 例如，可以用来进行长度的准确比较等.

【实验步骤】

1. 调节迈克耳孙干涉仪

(1) 如图 2.7.6 放置好仪器，用 He-Ne 激光束作光源，先调整光纤出射激光束的位置在 G_1 的正中间，即光束能射到 M_1 和 M_2 的中间部位.

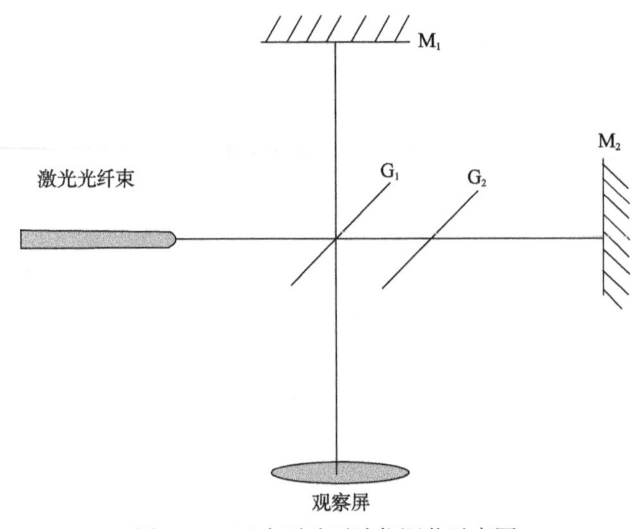

图 2.7.6　迈克耳孙干涉仪调节示意图

(2)调整激光器输出功率为最小，把观察用毛玻璃屏逆时针旋开再卡紧，眼睛直接透过 G_1 镜面观察 M_1 镜面，调节 M_2 镜后面的螺丝钉使得 M_1 镜面上的两排光点一一对应重合！(最亮的点和最亮的点重合).

(3)放上观察屏，就可以直接观察到干涉条纹(同心圆环，或一部分圆弧)，若看不到干涉条纹，重新调整第(2)步.

2. 观察非定域的干涉条纹(图 2.7.7)

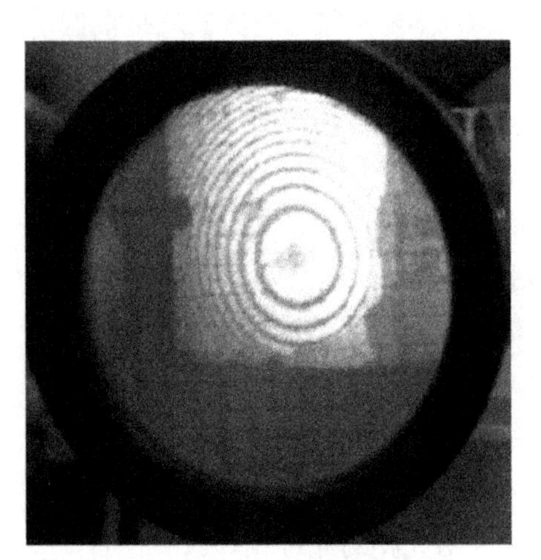

图 2.7.7　非定域干涉条纹

(1)仔细调节 M_2 下面的两个装有弹簧的互相垂直的微调螺钉，使 M_1 和 M_2' 更严格的平行，调整屏上出现的非定域干涉的同心圆环的圆心在观察屏的正中间的位置(如果圆环较小通过粗调转轮调整 M_1 的位置使圆环变大).

(2)用微调转轮转动 M_1 镜的传动系统，使 M_1 前后移动，观察条纹的变化. 从条纹的“冒出”或“缩进”说明 M_1、M_2' 之间的距离 d 是变大还是变小？观察条纹粗细的变化、稀密的变化和 d 的关系.

(3) M_1 前后移动时，圆条纹的中心若有移动(上、下、左、右移动)，可进一步调节两个互相垂直的微调螺钉，使中心不再偏移为止(一边移动 M_1 改变 d，一边调节).

(4)定量计算，测 He-Ne 激光的波长.

数“冒出”或“缩进”的圈数 ΔN，记下相应的位置 d_i(从仪器上读出，并计算出 Δd)，根据式(2.7.7)计算波长，即

$$\lambda = \frac{2\Delta d}{\Delta N} \tag{2.7.7}$$

ΔN 取 100 圈为一组，共做 5 组，学生自行设计数据记录所用表格，并做出数据处理.

3. 等倾干涉条纹的调节与观察

(1) 将光源换成钠光源，并放上毛玻璃屏使之成为扩展光源，将观察屏取下，用望远镜或用眼睛直接观察，这时可以看到等倾干涉的圆条纹. 若不清晰，再仔细调节两个微调螺钉，从不同方位观察圆心不收缩也不冒出即可.

(2) 移动 M_1 镜，使 d 变大或变小，观察条纹的变化及其规律.

(3) 观察完毕等倾干涉条纹后，移动 M_1 镜，使 d 近似等于 0 .

4. 等厚条纹的调节与观察

(1) 在 M_1、M_2' 大致重合的位置，调节微调螺钉，使 M_1、M_2' 有一个很小的夹角，则视场中心出现干涉条纹，若条纹不直，再移动 M_1 使条纹变直.

(2) 移动 M_1 镜的位置，观察 d 改变时的条纹变化.

5. 白光干涉条纹的调节与观察(图 2.7.8)

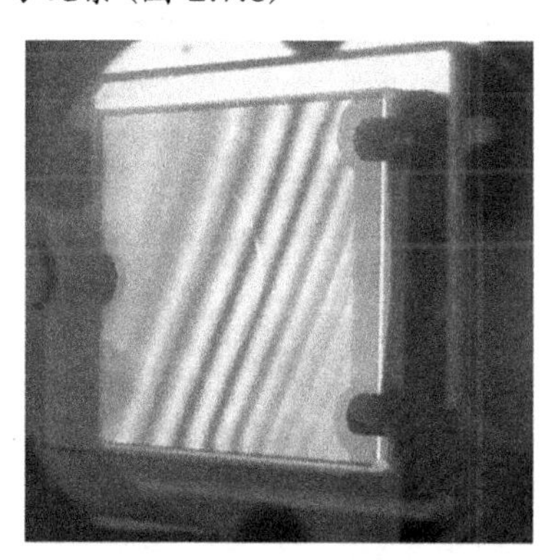

图 2.7.8 白光干涉条纹

(1) 借助非定域干涉，利用 He-Ne 激光器辅助寻找可以发生白光干涉的位置， 转动粗调转轮向圆环缩进变大的方向，若圆心偏离观察屏，需微调 M_2 将圆心调回.

(2) 将干涉条纹调成如图 2.7.9 所示清晰较粗的疏圆弧(调节 M_2 的三个旋钮及位置).

(3) 转动粗调手轮，观察圆弧突变现象，然后在突变前位置换上白光光源(台灯)，台灯灯光打在激光束后直射 G_1 镜面，转开观察屏，眼睛透过 G_1 镜观察 M_1 镜面，继续往突变方向调节微调旋钮，直到观察 M_1 镜面里有干涉条纹(可能是黑白的，或彩色)，应缓慢耐心调节.

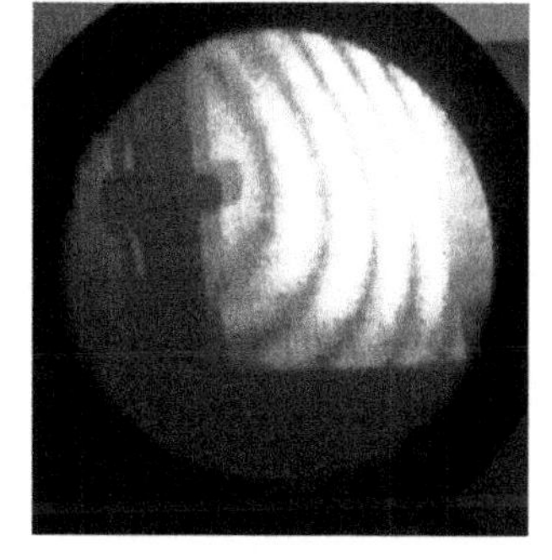

图 2.7.9

6. 钠光光源等倾干涉条纹的直接调节方法

(1) 转动 M_1 镜的传动系统移动 M_1 镜，用目视法调节，使 M_1 镜、M_2 镜到 G_1 的距离大致相等.

(2) 用钠光灯垂直照射 M_2，用眼睛对着 M_1 镜观察可看到两级最亮的钠光灯像，调节 M_2 背后的方位调节螺钉，使这两组像其本重合.

(3) 移动 M_1 镜，使两钠光灯像大小相等，进一步调节 M_2 的方位螺钉使两像严格重合(此步需要反复几次调节).

(4) 在钠光灯前放上毛玻璃屏，此时应看到干涉条纹(否则重复(2)、(3)步进行调节)，然后按步骤(3)进行等倾干涉条纹的调节与观察.

【注意事项】

(1) 可移动反射镜 M_1 的法线应与丝杠共面，M_1 镜面的角度调节是校准用的，所以学生不要调节它的倾角.

(2) 严禁手摸所有光学表面.

(3) 测量时，微调螺旋只能向一个方向转动，中途不能反向，防止空回误差.

(4) 不要过分拧紧 M_2 镜后的螺丝.

【思考题】

(1) 当光程差增加时，非定域干涉同心圆条纹的粗细和间距如何变化?

(2) 根据迈克耳孙干涉仪的光路图，说明各光学元件的作用?

(3) 什么是空回误差? 测量中如何避免空回误差?

实验 2.8　光速的测量

光速是物理学中重要的常数之一. 由于它的测定与物理学中许多基本的问题有密切的联系，如天文测量、地球物理测量，以及空间技术的发展等计量工作的需要，对光速的精确测量显得更为重要，已成为近代物理学中的重点研究对象之一.

17 世纪 70 年代，人们就开始对光速进行测量，由于光速的数值很大，所以早期的测量都是用天文学的方法. 到了 1849 年菲索利利用转齿法实现了在地面实验室测定光速，其测量方法是通过测量光信号的传播距离和相应时间来计算光速. 由于测量仪器的精度限制，其精度不高. 而 19 世纪 50 年代以后，对光速的测量都采用测量光波波长 λ 和它的频率 f，由 $c=f\cdot\lambda$ 得出光的传播速度. 到了 20 世纪 60 年代，高稳定的崭新光源激光的出现，使光速测量精度得到很大的提高，目前公认的光速度为 $(299\ 792\ 458\pm1.2)$ m/s，不确度为 4×10^{-9}.

测量光速的方法很多，本实验集声、光、电于一体，采用声光调制形成光拍的方法来测量. 通过本实验，不仅可以学习一种新的测量光速的方法，而且可对声光调制的基本原理、衍射特性等声光效应有所了解.

【实验目的】

(1) 理解光拍的概念、光拍频及其波长，以及光拍的获得.
(2) 理解用光拍频法测量光速的原理，掌握用光速测量仪测量光速的实验方法.

【实验仪器】

光速测量仪、示波器、米尺等.

【实验原理】

光拍频法测量光速是利用光拍的空间分布，测出同一时刻相邻同相位点的光程差和光拍频率，从而间接测出光速.

1. 光拍的形成

根据振动叠加原理，两列速度相同、振面和传播方向相同、频差又较小的简谐波叠加形成拍. 假设有两列振幅相同(只是为了简化讨论)，角频率分别为 ω_1 和 ω_2 的简谐波沿 x 方向传播

$$E_1=E_0\cos(\omega_1 t-k_1x+\varphi_1)$$

$$E_2=E_0\cos(\omega_2 t-k_2x+\varphi_2)$$

式中，$k_1=\dfrac{2\pi}{\lambda_1}$，$k_2=\dfrac{2\pi}{\lambda_2}$ 称为波数；φ_1，φ_2 为初位相. 这两列简谐波叠加后得

$$E = E_1 + E_2$$
$$= 2E_0 \cos\left[\frac{\omega_1 - \omega_2}{2}\left(t - \frac{x}{c}\right) + \frac{\omega_1 - \omega_2}{2}\right] \cdot \cos\left[\frac{\omega_1 + \omega_2}{2}\left(t - \frac{x}{c}\right) + \frac{\varphi_1 + \varphi_2}{2}\right] \quad (2.8.1)$$

由上式可知，E是圆频率为$\frac{\omega_1 + \omega_2}{2}$，振幅为$2E_0 \cos\left[\frac{\Delta\omega}{2}\left(t - \frac{x}{c}\right) + \frac{\omega_1 - \omega_2}{2}\right]$的前进波. 注意到其振幅是以频率$\Delta F = \frac{\Delta\omega}{2\pi}$随时间作周期性缓慢变化，所以称$E$为拍频波. 其中，$\Delta F$称为拍频. 图 2.8.1 所示为拍频波场在某一时刻t的空间分布，振幅的空间分布周期就是拍频的波长，用$\Delta\lambda_s$表示.

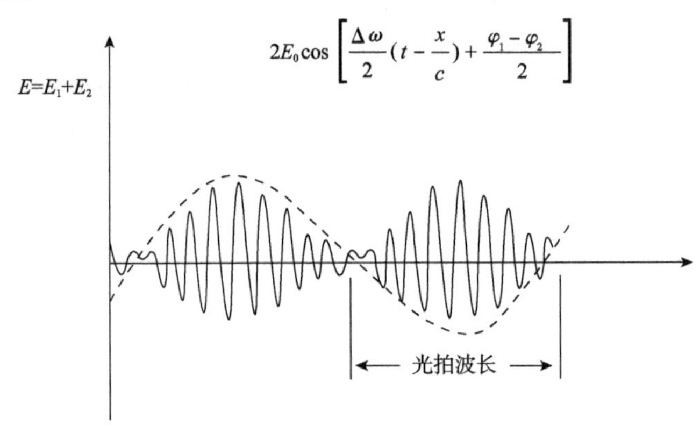

图 2.8.1 拍频波场在某一时刻t的空间分布

2. 相拍二光束的获得——声光调制

光拍的形成要求相叠加的两光束具有一定(较小)的频差，为了获得具有这样特性的两束光，可以设法使激光束产生一个固定的频移. 本实验是利用超声和激光同时在某介质中互相作用来实现，我们称它为声光调制.

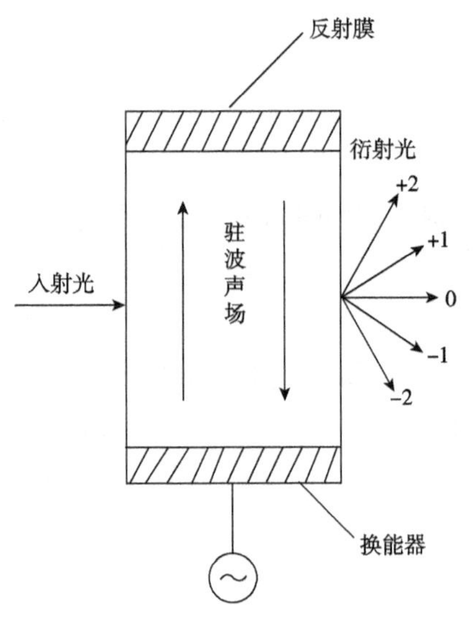

图 2.8.2 相拍二光束获得示意图

由于超声波是弹性波，当它在声光介质中传播时，会引起介质的弹性应力或应变(或介质的密度发生周期性的疏密变化)，从而引起介质中光折射率的相应变化，影响光在介质中的传播特性，此即弹光效应. 这种效应使声光介质形成一相位光栅时，光栅常数为超声的波长λ_s. 若声光介质的宽度恰好是超声波半波长的整数倍，且在声源相对的端面敷上反射材料，使超声波反射，在介质中形成驻波声场，则当平面单色激光束通过这一声光介质(位相光栅)时会发生衍射，如图 2.8.2 所示，

第L级衍射光的圆频率为

$$\omega_{L,m} = \omega_0 + (L + 2m)\omega_s$$

式中，ω_0是入射光的圆频率，ω_s是超声波的圆频率，L是衍射级，$L=0$，±1，±2，….

对于每一个L值，$m=0$，± 1，± 2，…，可见在同一衍射光束内就含有许多不同频率成分的光. 虽然各衍射级的光强度不同，但它们都产生光拍频波. 例如，选取第一级衍射光即$L=1$，由$m=0$或$m=-1$的两种频率成分叠加，就可以得到拍频为$2\omega_s$的拍频波. 在本实验中，我们选用零级衍射光，即拍频为$2\omega_s$的拍频光.

3. 光拍频波的检测

实验用光敏检测器——光电二极管接收光拍频波，其光敏面上产生的光电流大小正比于光拍频波的强度，把直流成分滤掉，即得到光拍信号.

4. 用光拍频法测量光速的公式推导

从图 2.8.3 可见，光拍信号的相位与空间位置有关，处在不同空间位置的光电检测器，在同一时刻有不同相位的光电流输出. 假设空间两点A、B(图 2.8.3)的光程差为ΔX，对应的光拍信号的相位差为$\Delta\varphi$，即

$$\Delta\varphi=\Delta\omega\cdot t=\Delta\omega\cdot\frac{\Delta X}{c}=2\pi\Delta F\frac{\Delta X}{c} \tag{2.8.2}$$

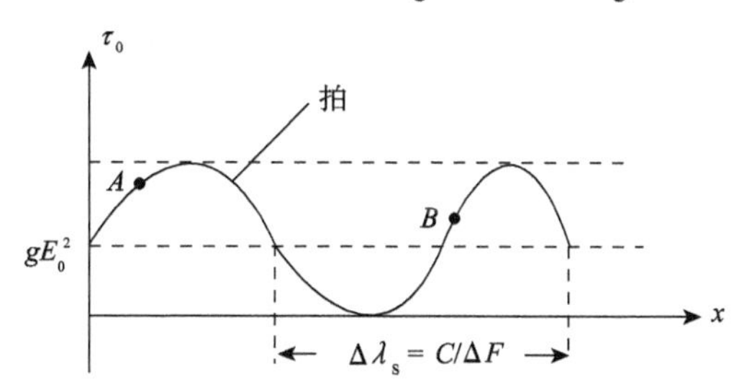

图 2.8.3　光拍电流的空间分布

如果将光频波分为两路，使其通过不同的光程后入射到同一个光电探测器，则该探测器所输出的光拍信号的相位差$\Delta\varphi$与两路光的光程差之间的关系由上式确定. 对光拍信号的同相位诸点，相位差满足

$$\Delta\varphi=n\cdot 2\pi \tag{2.8.3}$$

由式(2.8.2)和式(2.8.3)可推导出

$$c=\Delta F\frac{\Delta X}{n} \tag{2.8.4}$$

ΔF为拍频，且$\Delta F=2F$，F为超声波频率. 当取相邻两同相位点时，$n=1$，ΔX恰好是同相位点的光程差，即光拍频波的波长$\Delta\lambda_s$，从而有

$$c=\Delta F\Delta\lambda_s \tag{2.8.5}$$

因此，实验中只要测出光拍波的波长$\Delta\lambda_s$(光程差ΔX)和拍频ΔF($\Delta F=2F$)，根据式(2.8.5)可求得光速c.

5. 光速测量仪

图 2.8.4 所示是测量光速实验光路示意图，图 2.8.5 是实验电路原理框图.

由高频信号源产生频率为F的高频信号送到声光调制器，在声光介质中产生驻波超

声场，此时声光介质形成相位光栅，当 He-Ne 激光束垂直射入声光介质，将产生 L 级对称衍射，任一级衍射光都含有拍频 $\Delta F=2F$ 的光拍信号. 假设选用第一级衍射光，可用光阑选出这一束光. 经半透分光镜(5)将这束光分成两路：远程光束①依次经全反射镜(9)、(7)……多次反射后透过半反射镜(14)入射到光敏接收器；近程光束②由半反射镜(14)反射进入光敏接收器. 在半透分光镜(5)后面接入斩光器，由小型电机带动，轮流挡住其中一路光束，让光敏接收器轮流接收①路或②路光信号. 如果将这路光通过光敏接收器后直接加到示波器上观察它们的波形，还是比较困难的，因为 He-Ne 激光束和频移光束包含许多频率成分，致使有用的拍频信号被淹没，所以难以观察.

为了能够选出清晰的拍频信号，接收电路中采用选频放大电路，如图 2.8.5 所示，以滤除激光器的噪声和衍射光束中不需要的频率成分，而只让频率为 $(2F\pm0.25)$ MHz 的拍频通过，从而提高了接收电路的信噪比.

实验中为了能用普通示波器观察拍频信号，在一级选频放大电路后面加入混频电路，把拍频信号差频为几百 kHz 的较低频信号送到示波器 Y 轴. 另外，还用超声信号源的信号经另一混频电路差频后作为示波器 X 轴同步触发信号，使扫描与信号同步，在示波器的屏幕上显示出清晰、稳定的两光束电信号波形. 然后通过移动滑动平台，改变两光束间的光程差，在示波器上观察到两束光的相位变化. 当两束光相位相同时，光拍波波长 $\Delta\lambda_s$ 恰好等于两光束的光程差 ΔX . 所以测出超声波频率 F 和光拍频波的波长，则计算出光的传播速度 c .

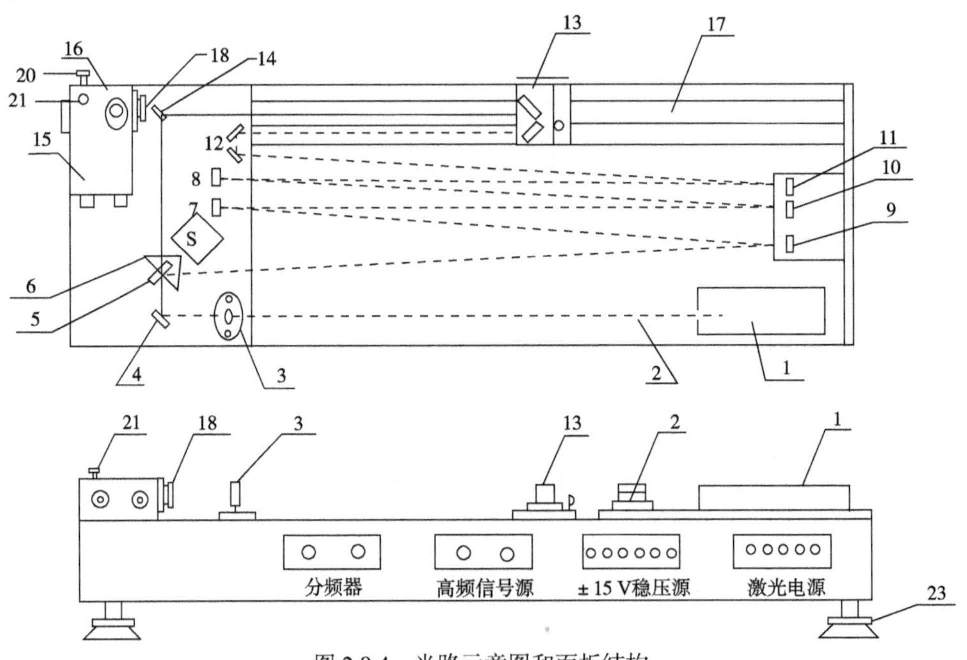

图 2.8.4 光路示意图和面板结构

1. 氦氖激光管；2. 声光频移器；3. 圆孔光阑；4. 7～13. 全反镜；5. 半反镜(条形)；
6. 斩光器；14. 半反镜；15. 光电接收盒；16. 观察孔；17. 导轨；18. 前透镜；
20、21. 光电管调节钮；23. 底脚

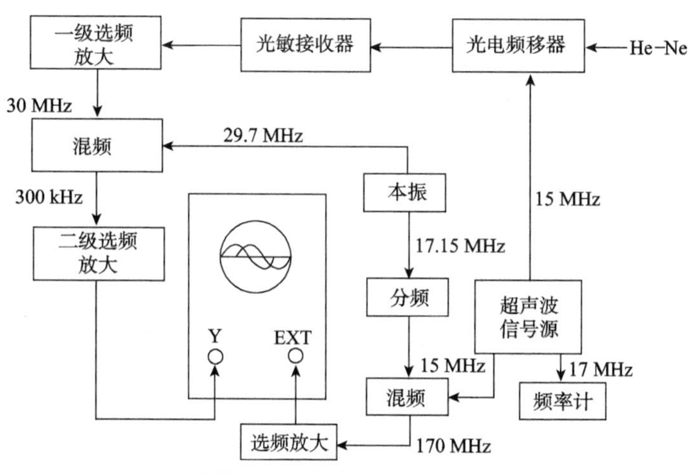

图 2.8.5 实验电路原理框图

【实验内容和步骤】

(1)连接线路，打开激光器电源开关，调节激光器工作电流，使其略大于激光管启辉电流(5 mA).

(2)接通稳压电源开关，小心调节高频信号源(超声波频率)，使衍射光最强. 调节圆孔光阑，使零级衍射光通过.

(3)对近程光进行调节. 光经全反镜(4)反射后到半反镜(5)，用斩光器(6)挡住远程光路，调节全反镜(4)和半光反镜(14)，使近程沿光电二极管前透镜(18)的光轴入射到光电二极管的光敏面上，调节示波器，使得示波器荧光屏上能显示出清晰的波形.

(4)对远程光进行调节. 拨动斩光器(6)，使之挡住近程光光束，调节半反镜(5)、全反镜(7～12)和正交反射镜组(13)，经半反镜(14)透射与近程光同路入射到光电二极管的光敏面上，使示波器荧屏上能分别显示出它们的清晰波形.

(5)接通斩光器电源开关，示波器上将显示相位不同、振幅不同的近程光和远程光两列正弦波形.

(6)旋转仪器左侧转轮，移动全反镜(13)的位置，改变远程光的光程，同时观察示波器上的两列正弦波，使两列正弦波的相位相同.

(7)用卷尺分别测量近、远程光的距离，将相关数据填写到表 2.8.1.

(8)将高频信号源接入示波器的 Y_1 通道或者 Y_2 通道，将触发按钮弹起，形成内触发，将电压和周期调整到适当值，读出高频信号的周期 T，填入表 2.8.1.

(9)计算拍频和光速，并和理论值比较，计算测量误差.

表 2.8.1

近程光光程 L_1/m	5—14	
远程光光程 L_2/m	5—9	
	9—7	

续表

远程光光程 L_2/m	7—10	
	10—8	
	8—11	
	11—12	
	12(1)—12(2)	
	12(2)—13(1)	
	13(1)—13(2)	
	13(2)—14	
	远程光总光程 L_2	
高频信号源周期 T/s		
光拍拍频 $\Delta F=2/T$		
光速 $c=(L_2-L_1)\times\Delta F$		

【注意事项】

(1) 切勿带电触摸激光管电极.
(2) 切忌用手或其他物体接触光学元件的光学面，实验结束盖上防护罩.

【思考题】

(1)“光拍”是怎样形成的？它有什么特性？
(2) 激光束通过声光介质后其衍射有什么特点？
(3) 如何推导测量光束的公式？

实验 2.9　太阳能电池性能综合实验

太阳能这个词早就脱离了学术交流领域而为普通大众所知. 太阳能一般指太阳光的辐射能量. 根据地球体表面积、与太阳的距离等数据可以计算出辐照到地球的太阳能大致为全部太阳能量辐射量的 20 亿分之一左右. 考虑到地球大气层对太阳辐射的反射和吸收等因素，实际到达地球表面的太阳辐照功率为 800000 亿 kW，也就是说太阳每秒钟照射到地球上的能量相当于燃烧 500 万吨煤释放的热量.

人类对太阳能的利用不是最近几十年的事情，而是具有悠久的历史. 我国战国时期、古埃及等国家都有关于太阳能利用的记载. 这类应用虽然属于太阳能利用范畴，但方式、手段和目的都非常原始. 近代太阳能利用的标志是 1615 年法国工程师制造出第一台太阳能驱动的发动机，但高昂的造价和极低的效率注定这种发动机没有实用价值，只能是模型爱好者的宠儿. 人类对材料的认识以及固体理论、半导体理论的发展和成熟是太阳能利用的关键推动力，具有里程碑意义的事件是 1945 年美国 Bell 实验室研制出实用型硅太阳能电池. 近年来，太阳能成为研究、技术、应用、贸易的热点. 太阳能潜在的市场为全球所关注，除了人类能源需求量的增大、化石能源储量的下降和价格的提升、理论和工艺技术水平的提高等因素外，环保意识、可持续发展意识的提升也是全球关注太阳能的一个重要因素.

【实验目的】

(1) 了解 pn 结的基本结构与工作原理.

(2) 了解太阳能电池组件的基本结构，理解其工作原理.

(3) 掌握 pn 结的 I-V 特性(整流特性)及其对温度的依赖关系.

(4) 掌握太阳能电池基本特性参数测试原理与测试方法，理解光强、温度和光源光谱分布等因素对太阳能电池输出特性的影响.

(5) 通过分析太阳能电池基本特性参数的测试数据，进一步熟悉实验数据分析与处理的方法，分析实验数据与理论结果间存在差异的原因.

【实验原理】

1. pn 结与光生伏特效应

半导体是一类特殊的材料. 从宏观电学性质上说，它们的导电能力介于导体和绝缘体之间，随外界环境(如温度、光照等)发生剧烈的变化. 从材料能带结构来说，这类材料导带 E_c 和价带 E_v 之间的禁带宽度 E_g 小于 3 eV. 温度、光照等因素可以使价带电子跃迁到导带，在导带和价带中形成电子-空穴对，从而改变材料的电学性质. 半导体材料具有负的电阻温度系数，即随温度的升高，其电阻减小. 通常情况下，都需要对半导体材料进行必要的掺杂处理，调整它们的电学特性，以便制作出性能更稳定、灵敏度更高、功耗更低的电子器件. 半导体材料电子器件的核心结构通常是 pn 结，简单地说，pn 结就是 p 型半导体和 n 型半导体接触形成的基础区域. 太阳能电池，本质上就是结面积比较大的 pn 结.

根据半导体基本理论，处于热平衡态的 pn 结由 p 区、n 区和两者交界区域构成，如图 2.9.1 所示. 刚接触时，电子由费米能级 E_F 高的地方向费米能级低的地方流动，空穴则相反. 为了维持统一的费米能级，n 区内电子向 p 区扩散，p 区内空穴向 n 区扩散. 载流子的定向运动导致原来的电中性条件被破坏，p 区积累带负电且不可移动的电离受主，n 区积累带正电且不可移动的电离施主. 载流子扩散运动导致在界面附近区域形成由 n 区指向 p 区的内建电场 E_i 和相应的空间电荷区. 显然，两者费米能级的不统一是导致电子空穴扩散的原因，电子空穴扩散又导致出现空间电荷区和内建电场. 而内建电场的强度取决于空间电荷区的电场强度，内建电场具有阻止扩散运动进一步发生的作用. 当两者具有统一费米能级后扩散运动和内建电场的作用相等，p 区和 n 区两端产生一个高度为 qV_D 的势垒(图 2.9.2(a)). 理想 pn 结模型下，处于热平衡的 pn 结空间电荷区没有载流子，也没有载流子的产生与复合作用.

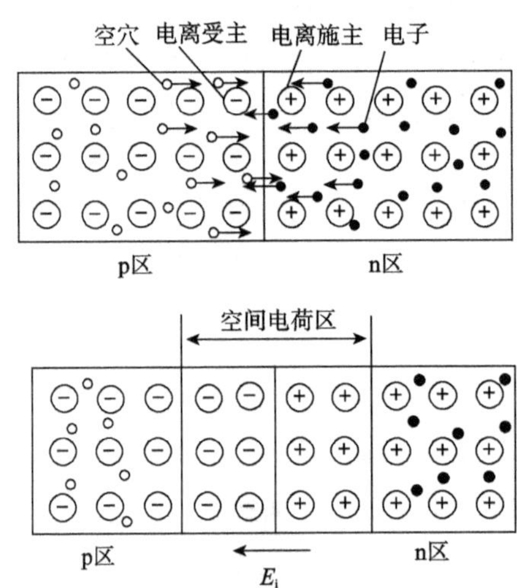

图 2.9.1 pn 结的形成（上图为刚接触时，下图为达到平衡）

当有入射光垂直入射到 pn 结，只要 pn 结结深比较浅，入射光子会透过 pn 结区域甚至能深入半导体内部. 如果入射光子能量满足关系 $h\nu \geqslant E_g$(E_g 为半导体材料的禁带宽度)，那么这些光子会被材料吸收，在 pn 结中产生电子–空穴对. 光照条件下材料体内产生电子–空穴对是典型的非平衡载流子光注入作用. 光生载流子对 p 区空穴和 n 区电子这样的多数载流子的浓度影响是很小的，可以忽略不计. 但是对少数载流子将产生显著影响，如 p 区电子和 n 区空穴. 在均匀半导体中光照射下也会产生电子-空穴对，但它们很快又会通过各种复合机制复合. 在 pn 结中情况有所不同，主要原因是存在内建电场. 在内建电场的驱动下 p 区光生少子电子向 n 区运动，n 区光生少子空穴向 p 区运动. 这种作用有两方面的体现：第一是光生少子在内建电场驱动下定向运动产生电流，这就是光生电流，它由电子电流和空穴电流组成，方向都是由 n 区指向 p 区，与内建电场方向一致；第二，光生少子的定向运动与扩散运动方向相反，减弱了扩散运动的强度，pn 结势垒高度降低，甚至会完全消失，势垒高度降低(图 2.9.2(b)). 宏观的效果是在 pn 结光照面和暗面之间产生电动势，也就是光生电动势，这个效应称为光生伏特效应. 如果构成回路就会产生电流，这种电流叫做光生电流 I_L.

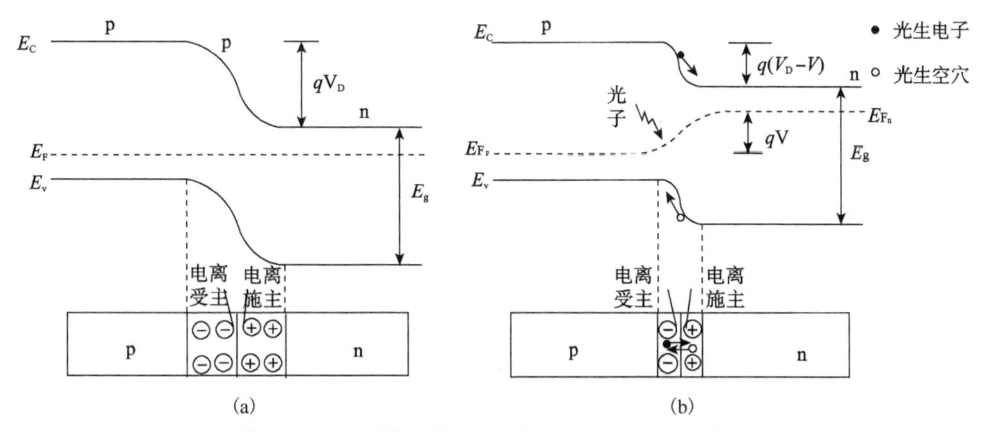

图 2.9.2　热平衡时的 pn 结(a)，光照下的 pn 结(b)

从结构上说，常见的太阳能电池是一种浅结深、大面积的 pn 结(图 2.9.3)．太阳能电池之所以能够完成光电转换过程，核心物理效应是光生伏特效应．光照会使得 pn 结势垒高度降低甚至消失，这个作用完全等价于在 pn 结两端施加正向电压．这种情况下的 pn 结就是一个光电池．将多个太阳能电池通过一定的方式进行串并联，并封装好就形成了能防风雨的太阳能电池组件(图 2.9.4)．

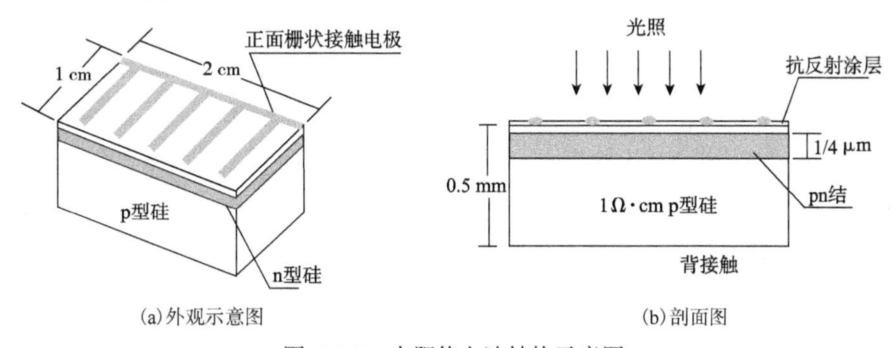

图 2.9.3　太阳能电池结构示意图

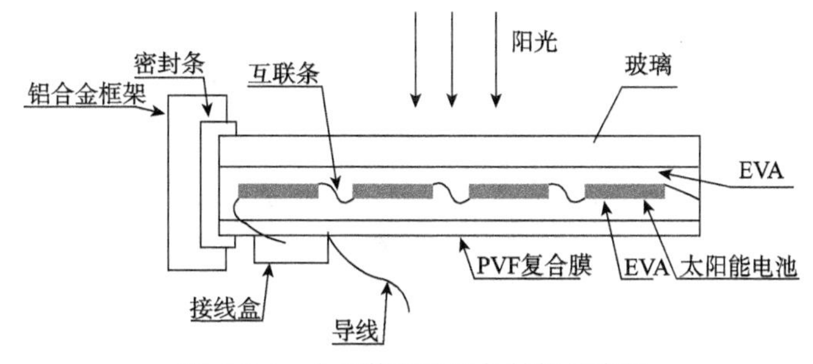

图 2.9.4　太阳能电池组件结构示意图

2. 太阳能电池无光照时的电流-电压关系——暗特性

通常把无光照或光照为零情况下的太阳能电池的电流-电压特性称为暗特性．近似地，可以把无光照情况下的太阳能电池等价于一个理想 pn 结，其电流电压关系为肖克莱方程

$$I = I_s\left[\exp\left(\frac{qV}{k_0T}\right)-1\right] \tag{2.9.1}$$

其中，q 为电子电荷的绝对值，k_0 为玻尔兹曼常数，T 为绝对温度. $I_s = J_s A = Aq\left(\dfrac{D_n n_{p0}}{L_n} + \dfrac{D_p p_{n_0}}{L_p}\right)$ 为反向饱和电流，又称暗电流，暗电流是区分二极管的一个极其重要的参量. 其中，J_s 为反向饱和电流密度，根据掺杂程度的不同，反向饱和电流密度 J_s 的量级一般为 10^{-12}，即一般情况下暗电流非常小；A 为结面积，D_n、D_p 分别为电子和空穴的扩散系数，n_{p0} 为 p 区平衡少数载流子——电子的浓度、p_{n0} 为 n 区平衡少数载流子——空穴的浓度，L_n、L_p 分别为电子和空穴的扩散长度.

当 T=300 K 时，$k_0T = 0.0259\,\text{eV}$. 对正向偏置条件，硅材料 pn 结的正向偏压 V 约为零点几伏，故 $\exp\left(\dfrac{qV}{k_0T}\right) \gg 1$，所以正向 I-V 关系可表示为

$$I = I_s \exp\left(\frac{qV}{k_0T}\right) \tag{2.9.2}$$

对于反向偏置，$\exp\left(\dfrac{qV}{k_0T}\right) \ll 1$，即理想 pn 结的电压指数项可以忽略不计，即

$$I \to -I_s \tag{2.9.3}$$

根据肖克莱方程，如图 2.9.5 所示，在反向电压不超过击穿电压 V_B 的情况下，电流接近于暗电流 I_S，此时的电流非常小且几乎为零；在正向电压下，电流随电压指数增长，因此太阳能电池的 I-V 特性曲线不对称，这就是 pn 结的单向导电特性或整流特性. 对于确定的太阳能电池，其掺杂类型、浓度和器件结构都是确定的，对伏安特性具有影响力的因素是温度. 温度对半导体器件的影响是这类器件的通性. 根据半导体物理原理，温度对扩散系数 D、扩散长度 L、载流子浓度 n 都有影响，综合考虑，以 p 型半导体为例，反向饱和电流密度为

$$J_s \approx q\left(\frac{D_n}{\tau_n}\right)^{1/2} \frac{n_i^2}{N_A} \propto T^{3+\frac{\gamma}{2}} \exp\left(-\frac{E_g}{k_0T}\right) \tag{2.9.4}$$

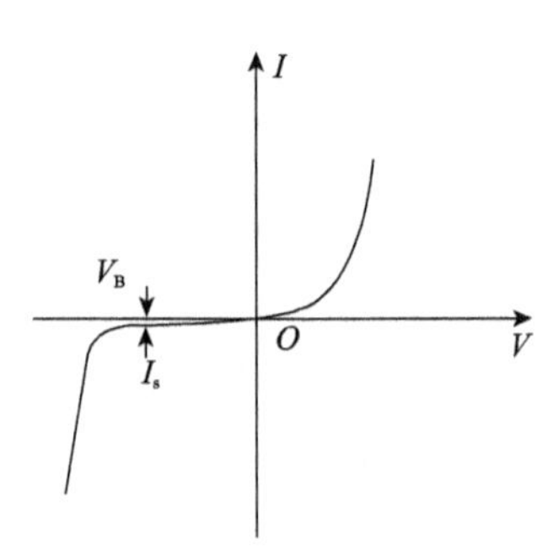

图 2.9.5 pn 结的暗特性曲线

式中，τ_n 为电子寿命，n_i 是本征半导体浓度，N_A 是掺入的受主浓度，γ 为一常数. 由此可见随着温度升高，反向饱和电流随着指数因子$\left(-\dfrac{E_g}{k_0T}\right)$迅速增大，且带隙越宽的半导体材料，这种变化越剧烈.

半导体材料禁带宽度是温度的函数，有 $E_g = E_g(0) - \beta T$，其中 $E_g(0)$ 为绝对零度时的禁带宽度. 设有 $E_g(0) = qV_{g0}$，V_{g0} 是绝对零度时导带底到价带顶的电势差. 由此可以得到含有温度参数的正向 I-V 关系为

$$I = AJ \propto T^{3+\frac{\gamma}{2}} \exp\left[\frac{q\left(V - V_{g0}\right)}{k_0 T}\right] \tag{2.9.5}$$

显然，正向电流在确定外加电压下也是随着温度升高而增大的.

3. 太阳能电池光照时的电流-电压关系——光照特性

太阳能电池的光照特性是指太阳能电池在光照条件下输出的伏安特性. 硅太阳能电池的性能参数主要有：开路电压 U_{oc}、短路电流 I_{sc}、最大输出功率 P_m、转换效率 η 和填充因子 FF.

光生少子在内建电场驱动下的定向运动在 pn 结内部产生了 n 区指向 p 区的光生电流 I_L，光生电动势等价于加载在 pn 结上的正向电压 V，它使得 pn 结势垒高度降至 qV_D-qV. 理想情况下，太阳能电池负载等效电路如图 2.9.6 所示，把光照的 pn 结看作一个理想二极管和恒流源并联，恒流源的电流即为光生电流 I_L，I_F 为通过硅二极管的结电流，R_L 为外加负载. 该等效电路的物理意义是：太阳能电池光照后产生一定的光电流 I_L，其中一部分用来抵消结电流 I_F，另一部分为负载的电流 I. 由等效电路图可知

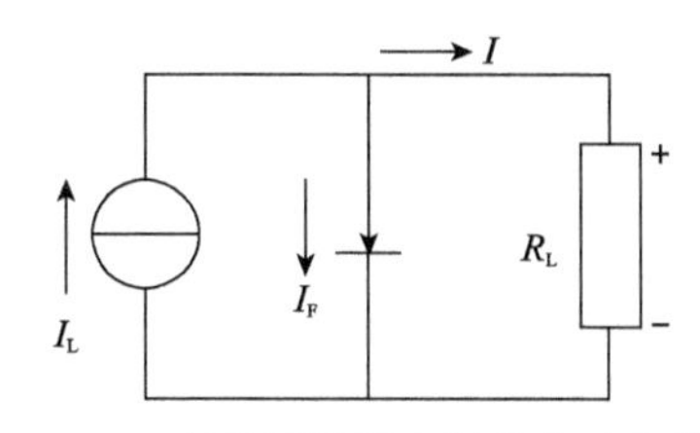

图 2.9.6　理想情况下太阳能电池负载的等效电路图

$$I = I_L - I_F = I_L - I_s\left[\exp\left(\frac{qV}{k_0 T}\right) - 1\right] \tag{2.9.6}$$

随着二极管正偏，空间电荷区的电场变弱，但是不可能变为零或者反偏. 光电流总是反向电流，因此太阳能电池的电流总是反向的.

根据图 2.9.6 的等效电路图，有两种极端情况是在太阳能电池光照特性分析中必须考虑的. 其一是负载电阻 R_L=0，这种情况下加载在负载电阻上的电压也为零，pn 结处于短路状态，此时光电池的输出电流称为短路电流 I_{sc}

$$I_{sc} = I_L \tag{2.9.7}$$

即短路电流等于光生电流，它与入射光的光强 E_e 及器件的有效面积 A 成正比. 其二是负载电阻 $R_L \to \infty$，外电路处于开路状态. 流过负载的电流为零 $I = 0$，根据等效电路图，光电流正好被正向结电流抵消，光电池两端电压 U_{oc} 就是所谓的开路电压. 显然有

$$I = I_L - I_s\left[\exp\left(\frac{qU_{oc}}{k_0 T}\right) - 1\right] = 0 \tag{2.9.8}$$

由式(2.9.8)得到开路电压 U_{oc} 为

$$U_{oc} = \frac{k_0 T}{q} \ln\left(\frac{I_L}{I_s} + 1\right) \tag{2.9.9}$$

可以看出，开路电压 U_{oc} 与入射光的光强的对数成正比，与器件的面积无关，与电池片串联的级数有关.

开路电压 U_{oc} 和短路电流 I_{sc} 是光电池的两个重要参数，实验中这两个参数分别为稳定光照下太阳能电池 I-V 特性曲线与电压、电流轴的截距. 不难理解，在温度一定的情况下，随着光照强度 E_e 增大，太阳能电池的短路电流 I_{sc} 和开路电压 U_{oc} 都会增大，但是随光强变化的规律不同：短路电流 I_{sc} 正比于入射光强度 E_e，开路电压 U_{oc} 随着入射光强度 E_e 对数增加. 此外，从太阳能电池的工作原理考虑，开路电压 U_{oc} 不会随着入射光强度增大而无限增大，它的最大值是使得 pn 结势垒高度为零时的电压值. 换句话说，太阳能电池的最大光生电压为 pn 结的势垒对应的电势差 V_D，是一个与材料带隙、掺杂水平等有关的值. 实际情况下，最大开路电压值 U_{oc} 与 E_g/q 相当.

太阳能电池从本质上说是一个能量转换器件，它把光能转换为电能. 因此讨论太阳能电池的效率是必要和重要的. 根据热力学原理，我们知道任何的能量转换过程都存在效率问题，实际发生的能量转换效率不可能是 100%. 就太阳能电池而言，我们需要知道的是，转换效率与哪些因素有关以及如何提高太阳能电池的转换效率. 太阳能电池的转换效率 η 定义为最大输出功率 P_m 和入射光的总功率 P_{in} 的比值

$$\eta = \frac{P_m}{P_{in}} \times 100\% = \frac{I_m V_m}{E_e \cdot A} \times 100\% \tag{2.9.10}$$

其中，I_m、V_m 为最大功率点对应的最大工作电流、最大工作电压，E_e 为由光探头测得的光照强度(单位 W/m^2)，A 为太阳能电池片的有效受光面积.

图 2.9.7 为太阳能电池的输出伏安特性曲线，其中 I_m、V_m 在 I-V 关系中构成一个矩形，叫做最大功率矩形. 如图 2.9.7 所示，太阳能电池输出 I-V 特性曲线与电流、电压轴交点分别是短路电流和开路电压. 最大功率矩形取值点 P_m 的物理含义是太阳能电池最大输出功率点，数学上是 I-V 曲线上横纵坐标乘积的最大值点. 短路电流和开路电压也形成一个矩形，面积为 $I_{sc}V_{oc}$. 定义

$$\mathrm{FF} = \frac{I_m V_m}{I_{sc} V_{oc}} \tag{2.9.11}$$

FF 为填充因子，图形中它是两个矩形面积的比值. 填充因子反映了太阳能电池可实现功率的度量，通常的填充因子在 0.5～0.8，也可以用百分数表示.

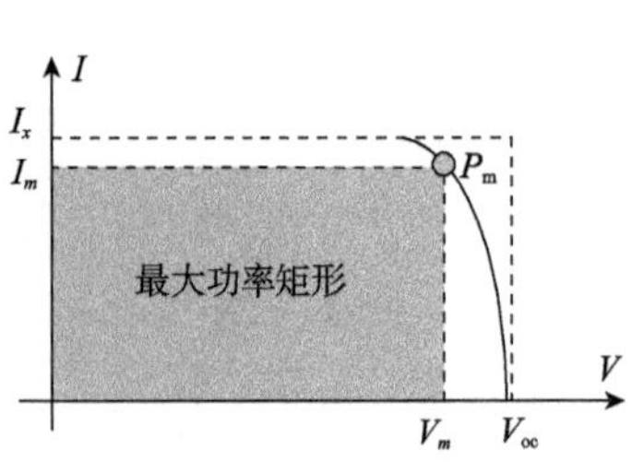

图 2.9.7 太阳能电池的输出伏安曲线

太阳能电池的转换效率是它的最重要的参数. 太阳能电池效率损失的原因主要有：电池表面的反射、电子和空穴在光敏感层之外由于重组而造成的损失，以及光敏层的厚度不够等因素. 综合来看，单晶硅太阳能电池的最大量子效率的理论值大约是 40%. 实际上，大规模生产的太阳能电池的效率还达不到理论极限的一半，只有百分之十几.

4. 太阳能电池的温度特性

太阳能电池的温度特性是指电池片的开路电压 U_{oc}、短路电流 I_{sc} 及最大输出功率 P_m 与温度 T 之间的关系，温度特性是太阳能电池的一个重要特征. 对于大多数太阳能电池，在入射光强不变的情况下，随着温度 T 上升，短路电流 I_{sc} 略有上升，开路电压 U_{oc} 明显

线性减小，由于开路电压的减小幅度大于短路电流的增加幅度导致转换效率降低. 温度对电流的影响主要作用于电子跃迁，一方面温度的升高减小了禁带宽度 E_g，使得更多光子激发电子跃迁. 另一方面，温度的上升提供了更多的声子能量，在声子的参与下，增加对光子的二次吸收. 温度的上升对增加光生电流具有积极的作用，但是对开路电压又起着消极作用.

不同厂家生产的电池片的温度系数(温度升高1℃对应参数的变化情况，单位为%/℃)不同. 图 2.9.8 为某非晶硅太阳能电池片输出伏安特性随温度变化的一个例子，可以看出，随着温度升高，开路电压变小，短路电流略微增大，导致转换效率变低.

表 2.9.1 给出了太阳能标准光强(1000W/m^2)下实验测得的单晶硅、多晶硅、非晶硅太阳能电池输出特性的温度系数. 单晶硅与多晶硅转换效率的温度系数几乎相同，而非晶硅因为它的禁带宽度大而导致它的温度系数较低.

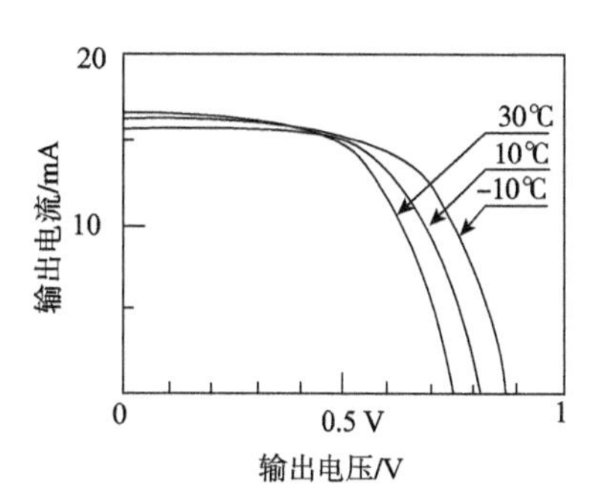

图 2.9.8　不同温度时非晶硅太阳能电池片的伏安特性

表 2.9.1　太阳能电池输出特性温度系数的实例温度升高 1℃各参数的变化情况(单位：%/℃)

种类	开路电压 V_{oc}	短路电流 I_{sc}	填充因子 FF	转换效率 η
单晶硅太阳能电池	−0.32	0.09	−0.10	−0.33
多晶硅太阳能电池	−0.30	0.07	−0.10	−0.33
非晶硅太阳能电池	−0.36	0.10	0.03	−0.23

在太阳能电池板实际应用时必须考虑它的输出特性受温度的影响，特别是室外的太阳能电池，由于阳光的作用，太阳能电池在使用过程中温度变化可能比较大，因此温度系数是室外使用太阳能电池板时需要考虑的一个重要参数.

5. 太阳能电池的光谱响应

太阳能电池的光谱响应描述了太阳能电池对不同波长的入射光的敏感程度，又称为光谱灵敏度，可分为绝对光谱响应和相对光谱响应. 只有能量大于半导体材料禁带宽度的那些光子才能激发出光生电子-空穴对，而光子的能量的大小与光的波长有关.

一般来说，太阳能电池的光生电流 I_L 正比于光源的辐射功率 $\Phi(\lambda)$. 太阳能电池的绝对光谱响应 $R(\lambda)$定义为

$$R(\lambda)=\frac{I(\lambda)}{\Phi(\lambda)} \tag{2.9.12}$$

式中，$I(\lambda)$、$\Phi(\lambda)$分别是当入射光波长为 λ 时，太阳能电池输出的短路电流和入射到太阳能电池上的辐射功率.

如果光探测器(经过标定)在某一特定波长 λ 处的光谱响应是 $R'(\lambda)$、短路电流为 $I'(\lambda)$，那么在辐射功率 $\Phi(\lambda)$ 相同时，测量太阳能电池输出电流 $I(\lambda)$，则

$$\Phi(\lambda)=\frac{I'(\lambda)}{R'(\lambda)}=\frac{I(\lambda)}{R(\lambda)} \tag{2.9.13}$$

太阳能电池的绝对光谱响应可以表达为

$$R(\lambda)=\frac{I(\lambda)}{I'(\lambda)}R'(\lambda) \tag{2.9.14}$$

其中，$R'(\lambda)$为标准光强探测器的相对光谱响应(表 2.9.2)，$I'(\lambda)$为光强探测器在给定的辐照度下的短路电流，$I(\lambda)$为待测太阳电池片在相同辐照度下的短路电流. 而相对光谱响应等于绝对光谱响应除以绝对光谱响应的最大值.

表 2.9.2 光强探测器对应波长的相对光谱响应值

波长/mm	395	490	570	660	710	770	900	1035
相对光谱响应值	0.065	0.224	0.417	0.618	0.718	0.815	1	0.791

通过上述比对法就可以进行太阳能电池绝对光谱响应的测试. 在得到绝对光谱响应曲线后，将曲线上的点都除以该曲线的最大值，就得到对应的相对光谱响应曲线.

光谱响应特性与太阳能电池的应用：从太阳能电池应用的角度来说，太阳能电池的光谱响应特性与光源的辐射光谱特性相匹配是非常重要的，这样可以更充分地利用光能和提高太阳能电池的光电转换效率. 例如，有的电池在太阳光照射下转换效率较高，但在荧光灯这样的室内光源下就无法得到有效的光电转换. 不同的太阳能电池与不同的光源的匹配程度是不一样的. 而光强和光谱的不同，会引起太阳能电池输出的变动.

【实验设备】

仪器组成：测试主机、氙灯电源、氙灯光源、滤光片组和电池片组. 实验操作和显示由计算机软件完成，整机图片和仪器结构示意图分别如图 2.9.9 和图 2.9.10 所示.

图 2.9.9 整机图片

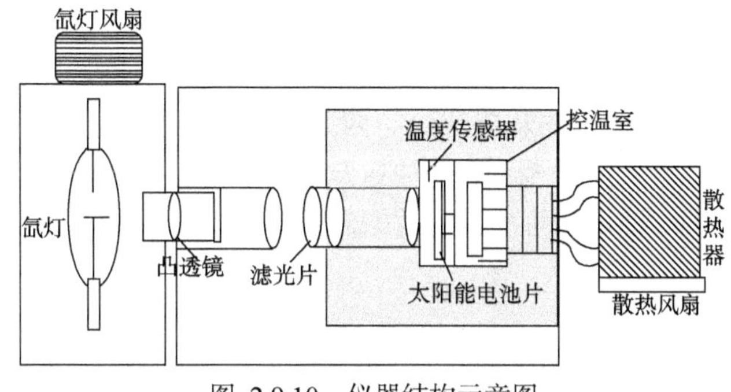

图 2.9.10　仪器结构示意图

1. 光路部分

本设备光路简洁，由氙灯光源、凸透镜、滤光片构成.

2. 测试主机

1) 面板介绍(图 2.9.11)

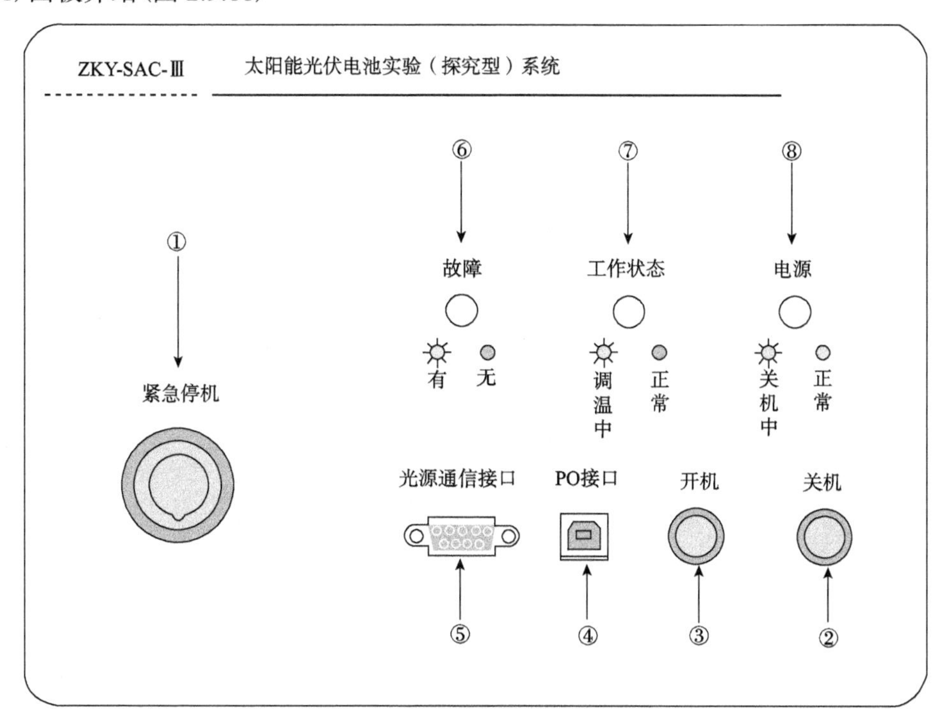

图 2.9.11　测试主机面板示意图

(1) 紧急停机按钮：直接按下为关，顺时针旋转自动归位.

(2) 关机按钮：正常关机按钮.

(3) 开机按钮.

(4) PC 接口：与计算机通信的 USB 接口.

(5) 光源通信接口：与氙灯电源通信，接收氙灯光源的状态信息.

(6) 故障灯：红色闪烁表示有故障，绿色表示工作正常.

(7) 工作状态：红色闪烁表示腔内温度调整中，绿色表示未进行温度调整.

(8)电源：红色闪烁表示关机中，绿色表示工作正常.

2)电路部分

电路部分包括温度控制电路和测试电路两个部分. 温控电路用于太阳能电池片所在的控温室的温度控制，在一定范围内，可使控温室达到指定温度. 测试电路用于测试太阳能电池片各性能的数据，该电路将测得的数据传送给计算机，由计算机进行数据的处理和显示.

3)控温室

给太阳能电池片提供一个-10～40℃的太阳能电池片的测试环境.

3. 氙灯电源与氙灯光源

1)氙灯电源

氙灯电源用于氙灯的点燃、轴流风冷以及光源腔体内除湿，面板介绍：如图 2.9.12 所示.

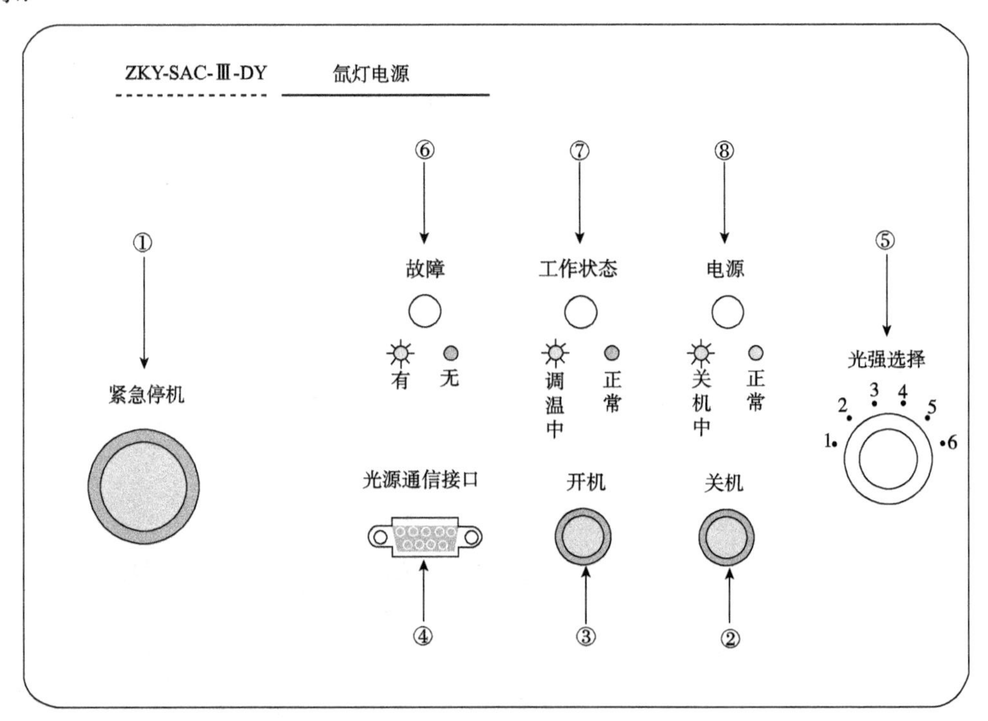

图 2.9.12 氙灯电源面板示意图

(1)紧急停机按钮：直接按下为关，顺时针旋转自动归位.

(2)关机按钮.

(3)开机按钮.

(4)光源通信接口：与测试主机通信，传送氙灯光源的状态信息.

(5)光强选择挡位：从 1 挡到 6 挡光强逐渐增大.

(6)故障灯：红色闪烁表示有故障，绿色表示仪器工作正常.

(7)工作状态：红色闪烁表示腔内温度调整中，绿色表示未进行温度调整.

(8)电源：红色闪烁表示关机中，红色表示工作正常.

2) 氙灯光源

采用高压氙灯光源，高压氙灯具有与太阳光相近的光谱分布特征. 光源功率 750 W，出射光孔径为 50 mm；氙灯启动过程中有 3 min 的腔体除湿，防止因空气湿度过大氙灯不能正常启动. 启动过程中，光强挡位必须放置在第 6 挡才能启动，若光强挡位选择不是第 6 挡，会出现短促的报警声，此时只需把光强挡位调整到第 6 挡即可正常启动. 实验时氙灯点亮后约 30 min 稳定后再使用.

4. 滤光片组

滤色片用于研究近似单色光作用下太阳能电池的光谱响应特性. 滤光片共 8 种，中心波长分别为 395 nm、490 nm、570 nm、660 nm、710 nm、770 nm、900 nm、1035 nm.

5. 太阳能电池片组

(1) 太阳能电池片组件包括单晶硅、多晶硅和非晶硅，均采用普通商用硅太阳能电池片. 单晶硅和多晶硅有效受光面积均为 30 mm × 30 mm；非晶硅有效受光面积约为 30 mm × 24 mm(注意：软件帮助信息中提到非晶硅的有效面积为 681 mm^2，实验过程中应该以操作说明书为准).

(2) 在光照特性实验中，光强探测器用于测定入射光强度，已通过标准光功率计进行校准；在光谱特性实验中，光强探测器的光谱曲线是已知的. 光强探测器的表面积为 7.5 mm^2.

【实验内容】

1. 太阳能电池的暗伏安特性测量

暗伏安特性是指无光照时，流经太阳能电池的电流与外加电压之间的关系. 实验在避光条件下进行，分别测量单晶硅、多晶硅和非晶硅三种电池片在同一温度下的 *I-V* 特性和不同温度下(35 ℃、15 ℃ 和−5 ℃)单晶硅太阳能电池片的正、反向暗伏安特性. 测量原理如图 2.9.13 所示.

实验步骤

(1) 打开测试主机，镜筒加遮光罩，将单晶硅电池片放入插槽，调节控温箱温度，将温度控制在 35 ℃，按图 2.9.13 (a) 连接电路，在太阳能电池片两端加 0～4 V 的电压，测量并记录太阳能电池两端的电流.

(2) 按图 2.9.13 (b) 连接电路，在太阳能电池片两端加 0～4 V 的电压，测量并记录流过太阳能电池的反向电流.

(3) 将单晶硅电池片换成多晶硅和非晶硅电池片，重复以上步骤，记录它们在 35 ℃下的暗伏安特性实验数据.

将温度分别改为 15 ℃和−5 ℃，重复步骤 (1) 和 (2).

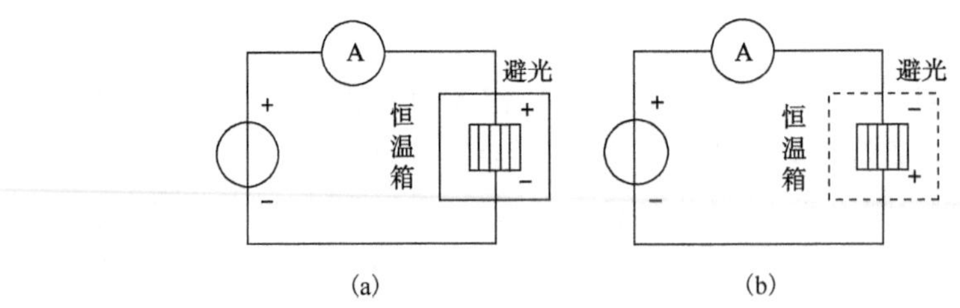

图 2.9.13 暗伏安特性正向测试原理图(a)，暗伏安特性反向测试原理图(b)

根据得到的实验数据，绘制 35 ℃ 时各太阳能电池的暗特性曲线，观察三种不同电池片的暗伏安特性曲线，有什么的异同，试分析原因；观察单晶硅电池片在三个不同温度下的暗特性曲线，试说明 pn 结的 *I-V* 曲线随温度如何变化.

2. 太阳能电池的光照特性测试

太阳能电池的光照特性测试是指不同温度、不同光照强度下，单晶硅、多晶硅、非晶硅三种太阳能电池片的输出 *I-V* 特性曲线，并由此计算得到开路电压、短路电流、最大输出功率、填充因子和转换效率. 光功率由光强探测器间接测得：$P_{in}=E_e\times A$，其中 E_e 为光强探测器测得的光强值，A 为太阳能电池有效光照面积.

打开氙灯光源，先预热 30 min，取掉遮光盖.

1) 单晶硅太阳能电池的温度特性实验

光强挡位固定在 4 挡(该挡位接近标准光强：1000 W/m^2)，测量不同温度下电池片(以单晶硅为例)的输出 *I-V* 特性；研究开路电压、短路电流和最大输出功率随温度如何变化.

实验步骤：

(1) 将温度控制在 35 ℃，待温控箱的温度稳定 5 min 左右后测量单晶硅电池片的输出 *I-V* 特性，记录开路电压、短路电流和最大输出功率.

(2) 将温度分别设置为 25 ℃、15 ℃、5 ℃ 和−5 ℃，重复以上实验步骤.

绘制单晶硅在不同温度下的 *I-V* 特性曲线，试说明随着温度的变化，其输出特性如何变化？为什么？

根据各温度 T 下得到的单晶硅电池片的开路电压 U_{oc}，绘制 U_{oc}-T、I_{sc}-T、P_m-T 关系曲线. 试分别说明这些参数与温度之间的关系.

2) 单晶硅太阳能电池的光强特性实验

温度控制在 25 ℃，测量不同挡位下单晶硅太阳能电池片的输出 *I-V* 特性(注：每次换挡过后等光源稳定 5 min 以后再进行实验)，研究开路电压、短路电流和最大输出功率随光强如何变化.

实验步骤：

(1) 氙灯光源置于 1 挡，使用光强探测器测量此时的光强，测试成功后取出光强探测器，放入单晶硅电池片，记录单晶硅电池的 *I-V* 特性、开路电压、短路电流和最大输出功率，计算填充因子和转换效率.

(2) 依次调节光强挡位至 2～6 挡，重复以上步骤.

绘制单晶硅在不同光强下的 *I-V* 特性曲线，试说明随着光强的变化，其输出特性如何变化？为什么？

根据各光强 E_e 下得到的单晶硅电池片的开路电压 U_{oc}、短路电流 I_{sc} 和最大输出功率 P_m，绘制 U_{oc}-E_e、I_{sc}-E_e、P_m-E_e 关系曲线. 试说明这些参数与光强之间的关系.

3) 不同太阳能电池片的输出特性

温度控制在 25 ℃，氙灯光源置于 5 挡，测量单晶硅、多晶硅和非晶硅三种太阳能电池片的输出 I-V 特性，比较三种电池片输出特性的异同.

(1) 使用光强探测器测量此时的光强，测试成功后取出光强探测器，放入单晶硅电池片，记录单晶硅电池的输出 I-V 特性、开路电压、短路电流和最大输出功率，计算填充因子和转换效率.

(2) 更换太阳能电池片，重复以上步骤，测量多晶硅、非晶硅电池片的输出 I-V 特性.

根据实验数据，绘制相同实验条件下，不同硅片的输出 I-V 特性曲线，比较三者的异同. 根据计算得到的转换效率 η，比较三者的转换效率.

4) 太阳能电池的光谱灵敏度实验

将温度控制在 25 ℃，氙灯光源设定在 5 挡. 加载不同滤光片，放入光强探测器，测量透过滤光片后光强探测器产生的电流 $I'(\lambda)$. 取出光强探测器，放入各单晶硅太阳能电池片，测量加载滤光片后单晶硅的短路电流 $I(\lambda)$，通过原理中所述比对法结合原理描述中给出的相对光谱灵敏度参考值就可以进行光谱响应曲线的绘制. 然后，按照同样的方法测试多晶硅和非晶硅的光谱相应曲线.

实验步骤：

(1) 插入光强探测器，加载 395 nm 滤光片，记录此时的光强探测器产生的电流 $I'(\lambda)$，将光强探测器换成单晶硅片，记录对应的短路电流 $I(\lambda)$.

(2) 将滤光片换成 490 nm、570 nm、660 nm、710 nm、770 nm、900 nm、1035 nm，重复以上步骤.

(3) 计算单晶硅电池片的绝对光谱响应，再计算各自的相对光谱响应.

(4) 将单晶硅电池片分别换成多晶硅和非晶硅，重复以上步骤.

分别描绘及比较各种太阳能电池片的相对光谱灵敏度曲线，试说明各种太阳能电池对太阳光哪些波段最灵敏.

【注意事项】

1. 氙灯光源

(1) 机箱内有高压，非专业人员请勿打开，否则易造成触电危险.

(2) 机箱表面温度较高，请勿触摸，避免烫伤.

(3) 请勿遮挡机箱上下进出风口，否则可能造成仪器损坏.

(4) 氙灯工作时，请勿直视氙灯，避免伤害眼睛.

(5) 严禁向机箱内丢杂物.

(6) 为保证使用安全，三芯电源线需可靠接地.

(7) 仪器在不用时请将与外电网相连的插头拔下.

2. 氙灯电源

(1) 为保证使用安全，三芯电源线需可靠接地.

(2)仪器在不用时请将与外电网相连的插头拔下.

(3)氙灯启动时氙灯光强选择旋钮必须放到第 6 挡，否则可能无法点亮氙灯.

(4)关机时，按下关机按钮 15 s 内氙灯未熄灭，说明仪器出现故障，应按下紧急开关按钮.

3. 测试主机

(1)风扇在高速旋转时，严禁向内丢弃杂物.

(2)实验时请关闭顶盖，关闭顶盖时应注意安全，不要夹到手指.

(3)为保证使用安全，三芯电源线需可靠接地.

(4)请勿遮挡机箱风扇进出风口，否则可能造成仪器损坏.

(5)仪器在不用时请将与外电网相连的插头拔下.

(6)温控开启后，若发现制冷腔散热器风扇未转应按下紧急开关按钮，待修.

4. 实验配件

(1)太阳能电池板组件为易损部件，应避免挤压和跌落.

(2)光学镜头要注意防尘，注意不要刮伤表面. 使用完毕后，应包装好置于镜头盒内. 滤光片在强光下连续工作应小于 30 min，否则将损坏滤光片.

第 3 章　研究性实验

实验 3.1　自组显微镜和望远镜

【实验历史】

望远镜是一种利用透镜或反射镜以及其他光学器件观测遥远物体的光学仪器，利用通过透镜的光线折射或光线被凹镜反射使之进入小孔并会聚成像，再经过一个放大目镜而被看到，又称“千里镜”. 望远镜的第一个作用是放大远处物体的张角，使人眼能看清角距更小的细节. 望远镜第二个作用是把物镜收集到的比瞳孔直径(最大 8 mm)粗得多的光束，送入人眼，使观测者能看到原来看不到的暗弱物体. 1608 年，荷兰的一位眼镜商汉斯・利伯希偶然发现用两块镜片可以看清远处的景物，受此启发，他制造了人类历史上的第一架望远镜. 经过近 400 多年的发展，望远镜的功能越来越强大，观测的距离也越来越远. 1609 年意大利佛罗伦萨人伽利略・伽利雷发明了 40 倍双镜望远镜，这是第一部投入科学应用的实用望远镜.

【实验目的】

(1) 了解望远镜和显微镜的基本原理和结构.

(2) 掌握望远镜和显微镜的调节和使用方法.

(3) 理解望远镜和显微镜的放大率的定义，并掌握测量其放大率的方法.

【实验仪器】

自组望远镜装置如图 3. 1. 1 所示.

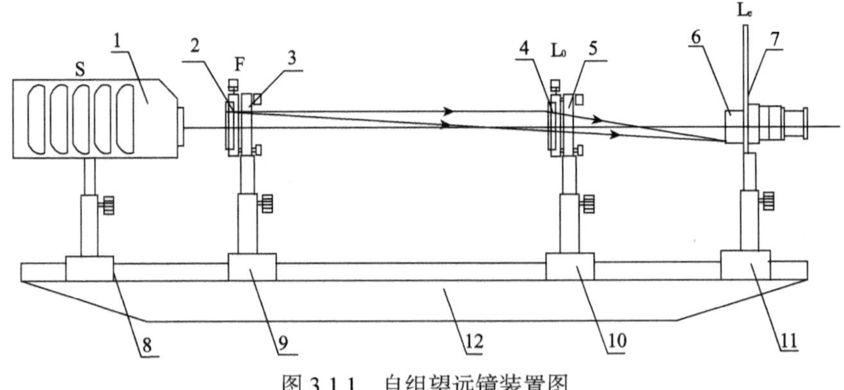

图 3.1.1　自组望远镜装置图

1. 带有毛玻璃的白炽灯光源 S；2. 1/10 mm 分划板 F1；3. 二维调整架(SZ-07)；4. 物镜 Lo(f_0=150 mm)；5. 二维调整架(SZ-07)；6. 测微目镜 Le(f_0=50 mm)；7. 读数显微镜架(SZ-38)；8～11. 滑座；12. 导轨

【实验原理】

1. 望远镜

望远镜由物镜和目镜组成，物镜的焦距大于目镜的焦距，常用的望远镜有开普勒望远镜和伽利略望远镜，组成特点是两透镜的光学间隔近乎为零，物镜和目镜都是会聚透镜的为开普勒望远镜，物镜为会聚透镜、目镜为发散透镜的为伽利略望远镜. 本实验是针对开普勒望远镜. 最简单的望远镜是由一片长焦距的凸透镜作为物镜，用一短焦距的凸透镜作为目镜组合而成. 远处的物经过物镜在其后焦面附近成一缩小的倒立实像，物镜的像方焦平面与目镜的物方焦平面重合. 而目镜起一放大镜的作用，把这个倒立的实像再放大成一个正立的像，如图 3.1.2 所示.

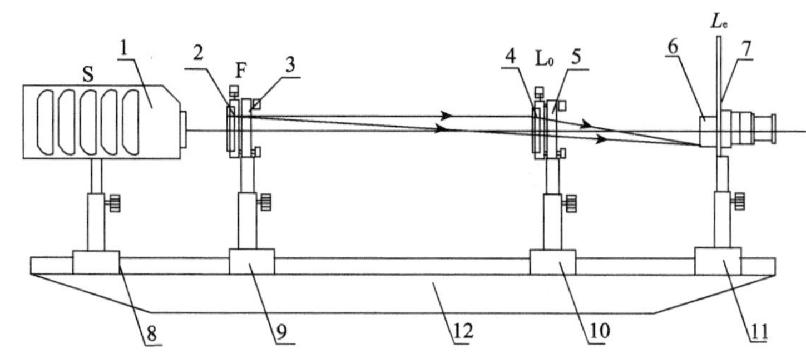

图 3.1.2　自组显微镜装置图

1. 带有毛玻璃的白炽灯光源 S；2. 1/10 mm 分划板 F_1；3. 二维调整架(SZ-07)；4. 物镜 Lo（f_0=50 mm)；5. 二维调整架(SZ-07)；6. 测微目镜 Le（f_0=190 mm)；7. 读数显微镜架(SZ-38)；8～11. 滑座；12. 导轨

望远镜视角放大率(放大本领)定义为

$$M=\frac{\omega'}{\omega}$$

其中，ω 为物对物镜的视角，ω' 为最后像对目镜的视角.

因望远镜的光学间隔 $\Delta=0$，通过计算可得

$$\frac{\omega'}{\omega}=\frac{A'B'/U_2}{AB/(U_1+V_1+U_2)}=\frac{A'B'}{AB}\frac{U_1+V_1+U_2}{U_2}$$

又因为 $\frac{A'B'}{AB}=\frac{V_1}{U_1}$，所以

$$M=V_1(U_1+V_1+U_2)/(U_1\times U_2)$$

望远镜的计算放大率

$$M=V_1(U_1+V_1+U_2)/(U_1\times U_2)$$

其中，$U_1=b-a$，$V_1=c-b$，$U_2=d-c$，AB、$A'B'$ 如图 3.1.3 所示.

望远镜的测量放大率

$$M=140/e$$

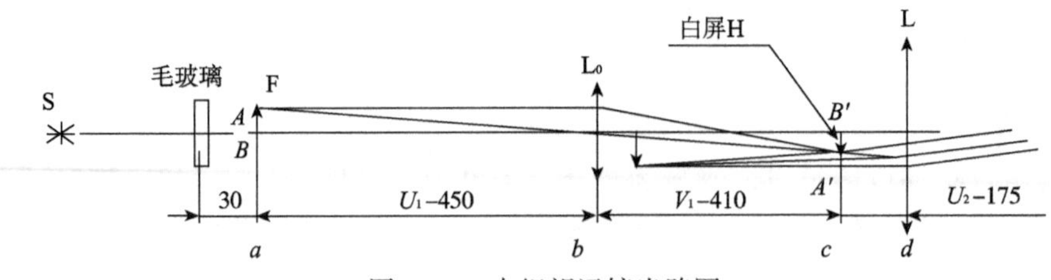

图 3.1.3　自组望远镜光路图

2. 显微镜

显微镜由物镜及目镜构成，显微镜的特点是有较大的光学间隔且其物镜的焦距不大，目镜的焦距也比较小. 被观测的物体经显微镜的物镜放大后，其像再经目镜放大以供人眼观察，其成像过程是一个二次成像过程. 光路图如图 3.1.4 所示，物镜 L_0 的焦距 f_0 很短，将 1/10 mm 分划板 F_1 放在它前面距离略大于 f_0 的位置，F_1 经 L_0 后成一放大实像 F_1'，然后再用目镜 L_e 作为放大镜观察这个中间像 F_1'，F_1' 应成像在 L_e 的第一焦点 F_e 之内，经过目镜后在明视距离处一放大的虚像 F_1''.

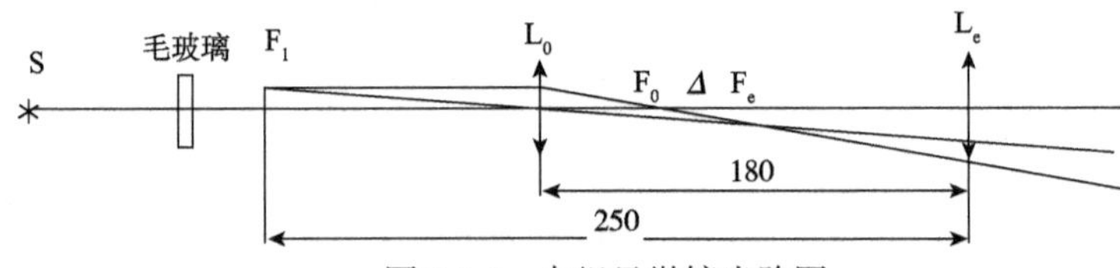

图 3.1.4　自组显微镜光路图

显微镜的视角放大率 $M=\dfrac{U'}{U}$，U 是物在明视距离 25 cm 处对眼入射光瞳的视角，U' 是最后虚像对眼入射光瞳的视角.

可以证明显微镜的视角放大率(放大本领)为

$$M=M_0\times M_e=-\frac{\Delta\times S_0}{f_0'\times f_e'}$$

式中，M_0 为物镜的垂轴放大倍率，M_e 为目镜的视觉放大倍率；f_0' 为物镜的像方焦距，f_e' 为目镜的像方焦距，$S_0=-250$ mm 为正常人眼的明视距离，Δ 为显微镜的光学间隔，等于物镜的像方焦点到目镜的物方焦点之间的距离(本实验中，$f_e=f_e'=250/20$ mm). $\Delta=d-f_0'+f_e=d-f_0'-f_0'$，$d$ 是物镜和目镜的间距. 当物镜和目镜的焦距已知后，只要测出两镜的间距 d，就能计算视角放大率 M.

【实验内容及实验步骤】

(1) 全部器件按图 3.1.3 的顺序摆放在导轨上，靠拢后目测调至共轴.

(2) 把 F 和 L_e 的间距调至一定距离，沿导轨前后移动 L_0，使一只眼睛通过 L_e 看到清晰的分划板 F 上的刻线.

(3) 再用另一只眼睛直接看毫米尺 F 上的刻线，读出直接看到的 F 上的满量程 28 条线对应于通过望远镜所看到 F 上的刻线格数 e.

(4) 分别读出 F、L_0、L_e 的位置 a、b、d；拿掉 L_e，换上白屏 H 找到 F 通过 L_0 所成的像，读出 H 的位置 c.

(5) 计算望远镜的视角放大率和望远镜的测量放大率.

(6) 把全部器件按图 3.1.2 的顺序摆放在导轨上，靠拢后目测调至共轴；把透镜 L_0、L_e 的间距固定为 180 mm.

(7) 沿标尺导轨前后移动 F_1(F_1 紧挨毛玻璃装置，使 F_1 置于略大于 f_0 的位置)，直至在显微镜系统中看清分划板 F_1 的刻线，从而实现显微镜的自组. 记下物镜 L_0 和目镜 L_e 的位置.

(8) 计算 d、Δ，得到显微镜的计算放大率.

【注意事项】

(1) 放大的和直观的像应重叠.
(2) 物应离物镜尽量远一点.
(3) 调节好仪器共轴.
(4) 物镜和目镜间距不能太大.

【思考题】

(1) 为什么望远镜的理论放大率与物体的位置无关?
(2) 望远镜像的垂轴放大率与仪器的视觉放大率有什么不同?
(3) 如何提高望远镜或显微镜的视角放大率?
(4) 显微镜放大率 $M=-\dfrac{\Delta\times S_0}{f_0'\times f_e'}$ 的证明.
(5) 为什么说显微镜是复杂化了的放大镜?

【现代科技 1】

显微镜是用于放大微小物体成为人的肉眼所能看到的一种光学仪器，是人类进入原子时代的标志. 当今，现代科学技术的进步和发展离不开对微观形态的研究和认识. 现代光学显微镜是人们进行工农业生产和科学研究的工具和助手. 显微镜产品最大的终端用户集中在半导体、生命科学、纳米技术和纳米材料等研究领域，其中半导体领域是先进显微镜最大的用户群体.

【现代科技 2】

世界上最大的望远镜是位于贵州省平塘县的 500 米口径球面射电望远镜(FAST)(图 3.1.5). 1995 年，我国天文学家提出了在喀斯特洼地中建造 500 米口径球面射电望远镜的设想，并选址于贵州省黔南州平塘县的大窝凼洼地. 2007 年，该项目获得国家审批立项，成为我国九大科技基础设施之一. FAST 将在 2016 年 9 月底正式投入使用，届时将向全世界开放，已经有多个国家的天文学家提交了研究观测计划. FAST 反射面总面积约 25

万平方米，是世界上最大口径的射电望远镜，FAST 与号称“地面最大的机器”的德国波恩 100 m 望远镜相比，灵敏度提高约 10 倍；与排在阿波罗登月之前、被评为人类 20 世纪十大工程之首的美国 Arecibo 300 m 望远镜相比，其综合性能提高约 2.25 倍. FAST 项目具有三大自主技术创新：一是在世界上首次利用天然地貌建设巨型望远镜；二是采用主动反射面技术，整个反射面由 4600 多块可运动的等边球面三角形叶片组成；三是轻型索拖动馈源支撑技术，将万吨平台降至几十吨，实现了毫米级的动态定位精度. 作为世界最大的单口径望远镜，FAST 将在未来 20～30 年保持世界一流设备的地位.

图 3. 1. 5　贵州省平塘县 500 m 口径球面射电望远镜

实验 3.2　用迈克耳孙白光干涉测透明介质薄片的折射率

【实验目的】

(1) 进一步学习迈克耳孙干涉仪的调节方法.

(2) 利用 He-Ne 激光调出单色光的等倾干涉与等厚干涉.

(3) 利用劈尖干涉测量透明介质薄片的厚度.

(4) 观察迈克耳孙白光干涉现象，测定透明介质薄片的折射率.

【实验仪器】

光学平面玻璃 2 片、读数显微镜、钠光灯、待测透明介质薄片、He-Ne 激光器、白炽灯、迈克耳孙干涉仪.

【实验原理】

(1) 劈尖干涉的原理测量透明介质薄片的厚度 t.

(2) 迈克耳孙白光干涉的原理测定透明介质薄片的折射率

$$t = \Delta d / n - n_0 \tag{3.2.1}$$

【实验提示】

1) 利用 2 片光学平面玻璃和待测介质薄片构成空气劈尖；用钠光灯做光源，利用读数显微镜测量介质薄片的厚度 t.

2) 调整好迈克耳孙干涉仪，用 He-Ne 激光做光源，调出激光的等倾干涉圆条纹，再进一步调出激光的等厚干涉条纹.

3) 白光干涉条纹的调节与观察.

(1) 在等厚条纹(直条纹)的基础上，仔细观察条纹形状及弯曲方向，换上白光光源，慢慢移动 M_1 镜，直到现场中观察到彩色条纹为止. 调节动作要慢，否则 M_1 移动太快就会一晃而过找不到白光干涉条纹. 记下此时 M_1 的位置为 d_0(用望远镜叉丝对准中央零级条纹).

(2) 在光路中加入云母片，移动 M_1 使之重新出现彩色条纹，用望远镜叉丝对准中央零级条纹，记下此时位置 d_0'，则

$$\Delta d = \left| d_0 - d_0' \right| \tag{3.2.2}$$

由式(3.2.1)便可求出透明介质薄片的折射率 $n(n_0 = 1.000\ 8)$.

实验 3.3　光谱分析与颜色测量

【实验目的】

(1) 了解吸收光谱、透射光谱、发射光谱的含义和用途.
(2) 了解色度学的基本原理.
(3) 掌握光栅光谱仪的使用.
(4) 掌握用光谱方法测量材料或光源的色度参数.

【实验装置】

波长范围包含可见光、光谱分辨率(以标定谱线的半高全宽计)小于 5 nm 的光谱仪一台、会聚透镜若干、各种光源(标准色温钨灯、氘灯、高压汞灯、低压汞灯、氙灯、LED 等)、待测样品(不同浓度的显色溶液、染色滤色片等).

【实验原理】

1. 发射光谱

常用的光栅光谱仪主要由光栅单色仪、接收单元、计算机组成，其结构如图 3.3.1 所示. 入射狭缝、出射狭缝一般为直狭缝，在一定范围内连续可调. 光源 S 发出的光经过透镜进入入射狭缝 S_1，S_1 位于准直反射镜 M_2 的焦面上，通过 S_1 入射的光束经 M_2 反射成平行光束投向平面光栅 G 上，转动光栅 G 改变入射角可以改变特定方向上衍射光的波长. 衍射色散后的平行光束经物镜 M_3 成像在 S_2 上和 S_3 上，通过 S_3 可以肉眼观察光的衍射情况，光通过 S_2 后用光电倍增管 PMT 采集转换为电信号，送入计算机进行分析.

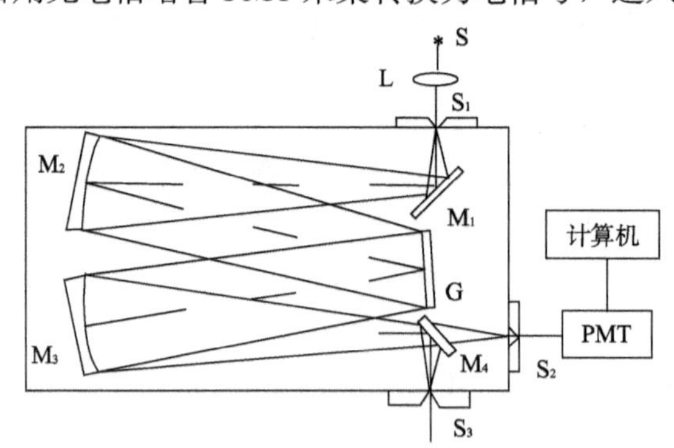

图 3.3.1　光栅光谱仪的结构示意图

一些光源，例如氙灯，通过电离气体发光，其光谱中包含了大量对应于原子能级间跃迁的分立谱线. 这些谱线相应的波长是确定的，仅由原子种类决定，可以用来标定光谱仪的波长读数. 钨灯光源则属于黑体辐射现象，它的发射光谱呈现为在很宽的波长范围内连续的光谱. 属于带间复合发光的单色 LED 的发射光谱又有所不同，呈宽的发光谱带.

一些材料具有荧光特性. 材料荧光光谱的荧光峰波长与强度包含许多有关样品物质分子结构与电子状态的信息. 正常状态下，原子处于最低的能量状态——基态，原子中的电子在最低能级的轨道上运动. 当原子中的电子吸收了激励源的能量，电子跃迁到较高的能级——激发态. 但是电子不能一直处于激发态能级，最终会释放能量回到基态. 从激发态回到基态的变化过程中，电子可能先到达较低激发态，这样就形成了不同的能量释放过程. 如果能量是以光子的形式释放，退激发的过程就是一个发射不同波长的光的过程. 荧光发射光谱的测量仍可采用图 3.3.1 所示的光路，以荧光材料代替光源 S，另外采用合适的激励源激发出材料的荧光. 激励方式可以是光、电、热甚至是机械摩擦. 常见的白光 LED 采用蓝光 LED 电致发光和黄光荧光粉光致发光混合的模式.

2. 吸收光谱

光照到物体上，一部分光在物体的表面反射，另一部分进入物体. 物体会吸收某种波长的光，未被吸收的光在物体的另一表面处发生反射、透射. 对于非透明材料，可以由它的反射光谱演算出吸收光谱. 对于透明或半透明材料，一般测量它的透射光谱就同时得到材料对不同波长光的吸收情况. 借助吸收光谱可以帮助定量分析材料的组成、物相、电子能级结构、溶液的浓度等信息.

测量样品吸收光谱的光路仅需将样品置于图 3.3.1 所示的光源与光栅单色仪之间. 分别测量无样品时光源的(发射)光谱、有样品时的透射光谱，对两个光谱作简单的除法运算(透射光谱/光源光谱)就得出样品的透过率曲线. 透过率 T(transmittance)是透射光的强度 I_t 与入射光强度 I_0 之比. 吸光度 A(absorbance)是透过率的负对数，反映样品对不同波长的单色光的吸收程度. 吸收光谱就是以波长为横坐标，吸光度为纵坐标作图得到的吸收曲线. 为了方便实际应用，自动化程度较高的分光光度计通常采用双光路系统，即同时测量不通过样品的参考光和通过样品的透射光，自动计算出透过率曲线或吸收曲线.

溶液的吸光度 A、浓度、液层厚度之间的关系遵从 Lambert-Beer 定律

$$A = ebc \tag{3.3.1}$$

其中，b 为液层厚度；c 为溶液的摩尔浓度；e 为摩尔吸光系数，通过标准稀溶液测得. 籍此可以用所谓的分光光度法测量浓度、厚度等参数.

当物体选择性地吸收了某种颜色的光，就呈现出吸收光的互补光颜色. 例如，白光照射下的 $CuSO_4$ 溶液呈蓝色，是因为溶液选择性地吸收了黄色光. 基于透射曲线的数据可以给出颜色的定量表达形式——色坐标.

3. 颜色的测量

任何颜色都能用不多于三种的单色光按照一定比例混合得到，这三种色光称为三原色，一般选取红(R)、绿(G)、蓝(B)三色. 常见的例子，如在大卖场外面的 LED 大屏幕，如果近看可以发现它的白色图像像素点是由三色 LED 组成的. 用颜色方程表示光的颜色 C，则

$$C = R(\mathrm{R}) + G(\mathrm{G}) + B(\mathrm{B}) \tag{3.3.2}$$

式中(R)、(G)、(B)代表产生混合色的红、绿、蓝三原色的单位量；R、G、B 分别为匹配出颜色 C 所需要的红、绿、蓝三原色的数量，称为三刺激值. 国际照明委员会(CIE)

综合了不同实验者的实验结果，规定红、绿、蓝三原色的波长分别为700 nm、546.1 nm、435.8 nm. 当这三原色光的相对亮度比例为1.0000：4. 5907：0. 0601时就能匹配出等能白光，所以CIE选取这一比例作为红、绿、蓝三原色的单位量，即(*R*)：(*G*)：(*B*)= 1：1：1. 显然，(R)、(G)、(B)不等分，就混配出色光. 用色度坐标*r*、*g*、*b*表示具体某个颜色

$$
\begin{aligned}
r &= R/(R+G+B) \\
g &= G/(R+G+B) \\
b &= B/(R+G+B)
\end{aligned}
\tag{3.3.3}
$$

采用CIE-RGB方法，在用三原色混配出单色光的颜色时，很多情况下光谱三刺激值是负值，正负交替十分不便，不易理解，因此，1931年CIE推荐了一个新的国际色度学系统——1931CIE-*XYZ*系统，用数学方法，选用三个理想的原色来代替*RGB*系统的三原色，从而将CIE-*RGB*系统中的光谱三刺激值和色度坐标均变为正值. 选择三个理想的原色(三刺激值)*X*、*Y*、*Z*，*X*代表红原色，*Y*代表绿原色，*Z*代表蓝原色，这三个原色不是物理上的真实色，而是虚构的假想色，它们与*R*、*G*、*B*三刺激值的转换关系为

$$
\begin{aligned}
X &= 0.490R + 0.310G + 0.200B \\
Y &= 0.177R + 0.812G + 0.011B \\
Z &= 0.010G + 0.990B
\end{aligned}
\tag{3.3.4}
$$

两个系统中色度坐标的相互转换关系为

$$
\begin{aligned}
x &= (0.490r+0.310g+0.200b)/(0.667r+1.132g+1.200b) \\
y &= (0.117r+0.812g+0.010b)/(0.667r+1.132g+1.200b) \\
z &= (0.000r+0.010g+0.990b)/(0.667r+1.132g+1.200b)
\end{aligned}
\tag{3.3.5}
$$

对光谱色或一切自然界的色彩而言，变换后的色度坐标均为正值，而且等能白光的色度坐标仍然是(0.33，0.33). 计算出某颜色的色度坐标*x*、*y*，就可以在色度系统中明确地定出它的颜色特征，并在1931CIE *xy*色度图(图3.3.2)中标出所测颜色.

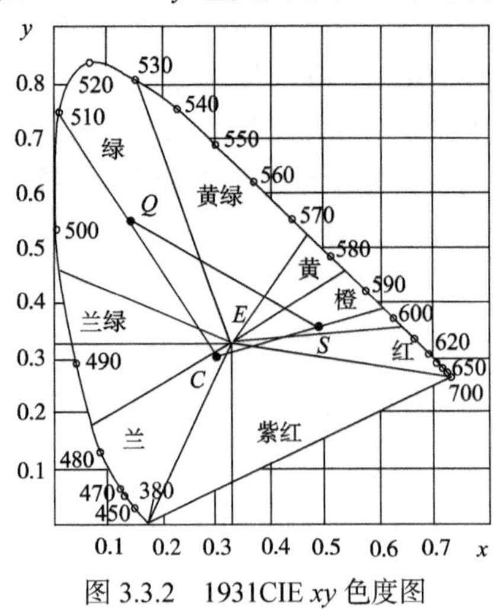

图3.3.2 1931CIE *xy*色度图

对于光源，它的三刺激值(X_0、Y_0、Z_0)的计算仅涉及光源的相对光谱能量分布 $S(\lambda)$

和人眼的颜色视觉特征参数$\bar{x}(\lambda)$、$\bar{y}(\lambda)$、$\bar{z}(\lambda)$（光谱三刺激值），可以表示为

$$
\begin{aligned}
X_0 &= K\int_{380}^{780} S(\lambda)\bar{x}(\lambda)\mathrm{d}\lambda \\
Y_0 &= K\int_{380}^{780} S(\lambda)\bar{y}(\lambda)\mathrm{d}\lambda \\
Z_0 &= K\int_{380}^{780} S(\lambda)\bar{z}(\lambda)\mathrm{d}\lambda
\end{aligned}
\tag{3.3.6}
$$

其中，Y_0表示光源的绿原色对人眼的刺激值量，同时又表示光源的亮度，为了便于比较不同光源的色度，将Y_0调整到 100，相应地调整因子$K=100/\int_{380}^{780} S(\lambda)\bar{y}(\lambda)\mathrm{d}\lambda$.

对于透射物体，用$S(\lambda)\tau(\lambda)$替换$S(\lambda)$，$\tau(\lambda)$是物体的透射性能(透过率)；对于反射物体，用$S(\lambda)\rho(\lambda)$替换$S(\lambda)$，$\rho(\lambda)$是物体表面的反射性能. 仍然使用标准光源的调整因子K，用式(3.3.6)求得物体的三刺激值(X、Y、Z). 最终，既得到了色度坐标x、y，颜色刺激值Y还反映了光经过物体后的亮度变化.

$$
\begin{aligned}
Y &= Y \\
x &= X/(X+Y+Z) \\
y &= Y/(X+Y+Z)
\end{aligned}
\tag{3.3.7}
$$

【实验内容】

光谱分析法是广为人知的精密分析方法，在分析材料成分、物质结构等方面应用广泛. 光谱法测定物体或光源的颜色更是光谱技术的一项基本运用，在纺织、印染行业早有应用，近些年更在发展迅速的半导体照明、显示显像、环境监测等领域发挥越来越大的作用.

本实验通过测量不同光源(及荧光材料)的发射光谱、不同材料的透射光谱，演示不同类型的光谱测量过程，基于色度学基本原理，对光源的特性、材料的性质进行分析计算，得到色坐标等参数.

【实验步骤】

(1)按图3.3.1所示的光路，测量光源的光谱. 汞原子的579.07 nm，576.96 nm，546.07 nm，435.84 nm，404.66 nm 谱线以及三条紫外线的二级光谱线 625.13 nm，626.34 nm，668.34 nm 可以作为波长定标线来校准光谱仪的扫描波长.

(2)在光路上放置不同的样品，分别测量透射光谱.

(3)根据标准灯的光谱和样品的透射光谱，利用表 3.3.1，计算光源或样品的色度参数.

表 3.3.1　1931CIExy 光谱三刺激值表

波长 /nm	光谱三刺激值			实测光谱强度 $S(\lambda)$	计算值		
	$\bar{x}(\lambda)$	$\bar{y}(\lambda)$	$\bar{z}(\lambda)$		$S(\lambda)\bar{x}(\lambda)$	$S(\lambda)\bar{y}(\lambda)$	$S(\lambda)\bar{z}(\lambda)$
380	0.00145	0	0.0065				
385	0.0022	0.0001	0.0105				

续表

波长 /nm	光谱三刺激值			实测光谱强度 $S(\lambda)$	计算值		
	$\bar{x}(\lambda)$	$\bar{y}(\lambda)$	$\bar{z}(\lambda)$		$S(\lambda)\bar{x}(\lambda)$	$S(\lambda)\bar{y}(\lambda)$	$S(\lambda)\bar{z}(\lambda)$
390	0.0042	0.0001	0.0201				
395	0.0076	0.0002	0.0362				
400	0.0143	0.0004	0.0679				
405	0.0232	0.0006	0.1102				
410	0.0435	0.0012	0.2074				
415	0.0776	0.0022	0.3713				
420	0.1344	0.004	0.6456				
425	0.2148	0.0073	1.0391				
430	0.2839	0.0116	1.3856				
435	0.3285	0.0168	1.623				
440	0.3483	0.023	1.7471				
445	0.3481	0.0298	1.7826				
450	0.3362	0.038	1.7721				
455	0.3187	0.048	1.7441				
460	0.2908	0.06	1.6692				
465	0.2511	0.0739	1.5281				
470	0.1954	0.091	1.2876				
475	0.1421	0.1126	1.0419				
480	0.0956	0.139	0.813				
485	0.058	0.1693	0.6162				
490	0.032	0.208	0.4652				
495	0.0147	0.2586	0.3533				
500	0.0049	0.323	0.272				
505	0.0024	0.4073	0.2123				
510	0.0093	0.503	0.1582				
515	0.0291	0.6082	0.1117				
520	0.0633	0.71	0.0782				
525	0.1096	0.7932	0.0573				
530	0.1655	0.862	0.0422				
535	0.2257	0.9149	0.0298				
540	0.2904	0.954	0.0203				
545	0.3597	0.9803	0.0134				
550	0.4334	0.995	0.0087				
555	0.5121	1	0.0057				
560	0.5945	0.995	0.0039				
565	0.6784	0.9786	0.0027				

续表

波长 /nm	光谱三刺激值			实测光谱强度 $S(\lambda)$	计算值		
	$\bar{x}(\lambda)$	$\bar{y}(\lambda)$	$\bar{z}(\lambda)$		$S(\lambda)\ \bar{x}(\lambda)$	$S(\lambda)\ \bar{y}(\lambda)$	$S(\lambda)\ \bar{z}(\lambda)$
570	0.7621	0.952	0.0021				
575	0.8425	0.9154	0.001				
580	0.9163	0.87	0.0017				
585	0.9786	0.8163	0.0014				
590	1.0263	0.757	0.0011				
595	1.0567	0.6949	0.001				
600	1.0522	0.613	0.0008				
605	1.0456	0.5668	0.0006				
610	1.0026	0.503	0.0003				
615	0.9384	0.4412	0.0002				
620	0.8544	0.381	0.0002				
625	0.7514	0.321	0.0001				
630	0.6424	0.265	0				
635	0.5419	0.217	0				
640	0.4479	0.175	0				
645	0.3608	0.1382	0				
650	0.2835	0.107	0				
655	0.2187	0.0816	0				
660	0.1649	0.061	0				
665	0.1212	0.0446	0				
670	0.0874	0.032	0				
675	0.0636	0.0232	0				
680	0.0468	0.017	0				
685	0.0329	0.0119	0				
690	0.0227	0.0082	0				
695	0.0158	0.0057	0				
700	0.0114	0.0041	0				
705	0.0081	0.0029	0				
710	0.0058	0.0021	0				
715	0.0041	0.0015	0				
720	0.0029	0.001	0				
725	0.002	0.0007	0				
730	0.0014	0.0005	0				
735	0.001	0.0004	0				
740	0.0007	0.0002	0				
745	0.0005	0.0002	0				

续表

波长 /nm	光谱三刺激值			实测光谱强度 $S(\lambda)$	计算值		
	$\bar{x}(\lambda)$	$\bar{y}(\lambda)$	$\bar{z}(\lambda)$		$S(\lambda)\bar{x}(\lambda)$	$S(\lambda)\bar{y}(\lambda)$	$S(\lambda)\bar{z}(\lambda)$
750	0.0003	0.0001	0				
755	0.0002	0.0001	0				
760	0.0002	0.0001	0				
765	0.0001	0	0				
770	0.0001	0	0				
775	0.0001	0	0				
780	0	0	0				

X_0=____________；$Y_0=100$；Z_0=____________；K=____________.
X=____________；Y=____________；Z=____________.
最后结果：x=____________；y=____________；Y=____________.

【思考题】

(1) 原子光谱的谱线是分立的这个事实证明了什么？
(2) 白光 LED 的白色是怎么获得的？还可能通过什么混合方式获得白光？
(3) 如何从透过率曲线获得吸收光谱？
(4) 什么是颜色三刺激值？什么是光谱三刺激值？

附　　录

附录1　中华人民共和国法定计量单位

附表1　国际单位制的基本单位

物理量	名称	代号
长度	米	m
质量	千克	kg
时间	秒	s
电流强度	安培	A
热力学温度	开尔文	K
物质的量	摩尔	mol
发光强度	坎德拉	cd

附表2　主要物理量的SI制单位名称及代号

物理量	名称	代号
面积	平方米	m^2
体积	立方米	m^3
摩尔体积	立方米每摩尔	m^3/mol
比容	立方米每千克	m^3/kg
频率	赫兹	Hz（1/s）
密度	千克每立方米	kg/m^3
摩尔质量	千克每摩尔	kg/mol
速度	米每秒	m/s
角速度	弧度每秒	rad/s
力	牛顿	N
压强	帕斯卡	Pa（N/m^2）
表面张力	牛顿每米	N/m
冲量、动量	牛顿秒	N·s
功、能量、热量、焓	焦耳	J（N·m）
摩尔内能、摩尔焓	焦耳每摩尔	J/mol
功率	瓦特	W（J/s）
热容量、熵	焦耳每开尔文	J/K
摩尔热容量、摩尔熵	焦耳每摩尔开尔文	J/（mol·K）

续表

物理量	名称	代号
比热	焦耳每千克开尔文	J/(kg·K)
黏滞系数	牛顿秒每平方米	N·s/m^2
导热系数	瓦特每米开尔文	W/(m·K)
扩散系数	平方米每秒	m^2/s
电量	库仑	C(A·s)
电压、电动势	伏特	V(W/A)
电阻	欧姆	Ω(V/A)

附录 2　常用计量单位换算表

1990 年 7 月 27 日国务院第 65 次常务会议批准了国家技术监督局、国家土地管理局、农业部共同拟定的关于改革我国土地面积计量单位的方案，决定采用以下土地面积计量单位名称：

平方公里(100 万平方米，km^2)

公顷(1 万平方米，hm^2)

平方米(1 平方米，m^2)

经国务院同意，自 1992 年 1 月 1 日起，在统计工作和对外签约中一律使用规定的土地面积计量单位.

1959 年国务院发布《关于统一计量制度的命令》，确定米制为我国的基本计量制度.

附表 3　常用计量单位换算表

1 寸=3.3333333 厘米(cm)

1 英寸(in)=2.54 厘米(cm)

长 度

名称	厘	分	寸	尺	丈	里
等数	10 毫	10 厘	10 分	10 寸	10 尺	150 丈

面 积

名称	平方分	平方寸	平方尺	平方丈	平方里
等数	100 平方厘	100 平方分	100 平方寸	100 平方尺	22500 平方丈

体 积

名称	立方厘米	立方分米	立方米
等数	1000 立方毫米	1000 立方厘米	1000 立方分米

容 量　1 L =10^{-3}立方米

名称	厘升	分升	升	十升	百升	千升
等数	10 毫升	10 厘升	10 分升	10 升	100 升	1000 升

地积(土地面积计量单位系列是：平方米(m^2)、公顷(hm^2)、平方公里(km^2)，废除了多年使用的“市亩”)

名称	厘	分	亩	顷
等数	10 毫	10 厘	10 分	100 亩

质 量

名称	毫	厘	分	钱	两	斤	担
等数	10 丝	10 毫	10 厘	10 分	10 钱	10 两	100 斤

容 量

名称	勺	合	升	斗	石
等数	10 撮	10 勺	10 合	10 升	10 斗

附表 4　常用计量单位比较表

长度比较表	
1 千米(公里)=2 市里=0.621 英里=0.540 海里，	1 米=3 市尺=3.281 英尺
1 市里=0.5 千米(公里)=0.311 英里=0.270 海里，	1 市尺=0.333 米=1.094 英尺
1 英里=1.609 千米(公里)=3.218 市里=0.869 海里，	1 英尺=0.305 米=0.914 市尺
1 海里=1.852 千米(公里)=3.704 市里=1.150 英里，	
地积比较表	
1 公顷=15 市亩=2.471 英亩	
1 市亩=6.667 公亩=0.165 英亩	
1 英亩=0.405 公顷=6.070 市亩	
质量比较表	
1 千克(公斤)=2 市斤=2.205 英磅	
1 市斤=0.5 千克(公斤)=1.102 英磅	
1 英镑=0.454 千克(公斤)=0.907 市斤	
容量比较表	
1 升(公制)=1 市升=0.220 加仑(英制)	
1 加仑(英制)=4.546 升=4.546 市升	

附录3　常用物理基本常数表

附表5　常用物理基本常数表

物理常数	符号	最佳实验值	供计算用值
真空中光速	c	$(299792458 \pm 1.2)\,\mathrm{m \cdot s^{-1}}$	$3.00 \times 10^{8}\,\mathrm{m \cdot s^{-1}}$
引力常数	G_0	$(6.6720 \pm 0.0041) \times 10^{-11}\,\mathrm{m^3 \cdot s^{-2}}$	$6.67 \times 10^{-11}\,\mathrm{m^3 \cdot s^{-2}}$
阿伏伽德罗(Avogadro)常量	N_0	$(6.022045 \pm 0.000031) \times 10^{23}\,\mathrm{mol^{-1}}$	$6.02 \times 10^{23}\,\mathrm{mol^{-1}}$
普适气体常量	R	$(8.31441 \pm 0.00026)\,\mathrm{J \cdot mol^{-1} \cdot K^{-1}}$	$8.31\,\mathrm{J \cdot mol^{-1} \cdot K^{-1}}$
玻尔兹曼(Boltzmann)常量	k	$(1.380662 \pm 0.000041) \times 10^{-23}\,\mathrm{J \cdot K^{-1}}$	$1.38 \times 10^{-23}\,\mathrm{J \cdot K^{-1}}$
理想气体摩尔体积	V_m	$(22.41383 \pm 0.00070) \times 10^{-3}$	$22.4 \times 10^{-3}\,\mathrm{m^3 \cdot mol^{-1}}$
基本电荷(元电荷)	e	$(1.6021892 \pm 0.0000046) \times 10^{-19}\,\mathrm{C}$	$1.602 \times 10^{-19}\,\mathrm{C}$
原子质量单位	u	$(1.6605655 \pm 0.0000086) \times 10^{-27}\,\mathrm{kg}$	$1.66 \times 10^{-27}\,\mathrm{kg}$
电子静止质量	m_e	$(9.109534 \pm 0.000047) \times 10^{-31}\,\mathrm{kg}$	$9.11 \times 10^{-31}\,\mathrm{kg}$
电子荷质比	e/m_e	$(1.7588047 \pm 0.0000049) \times 10^{-11}\,\mathrm{C \cdot kg^{-2}}$	$1.76 \times 10^{-11}\,\mathrm{C \cdot kg^{-2}}$
质子静止质量	m_p	$(1.6726485 \pm 0.0000086) \times 10^{-27}\,\mathrm{kg}$	$1.673 \times 10^{-27}\,\mathrm{kg}$
中子静止质量	m_n	$(1.6749543 \pm 0.0000086) \times 10^{-27}\,\mathrm{kg}$	$1.675 \times 10^{-27}\,\mathrm{kg}$
法拉第常数	F	$(9.648456 \pm 0.000027)\,\mathrm{C \cdot mol^{-1}}$	$96500\,\mathrm{C \cdot mol^{-1}}$
真空电容率	ε_0	$(8.854187818 \pm 0.000000071) \times 10^{-12}\,\mathrm{F \cdot m^{-2}}$	$8.85 \times 10^{-12}\,\mathrm{F \cdot m^{-2}}$
真空磁导率	μ_0	$(12.5663706144 \pm 10^{-7})\,\mathrm{H \cdot m^{-1}}$	$4\pi\,\mathrm{H \cdot m^{-1}}$
电子磁矩	μ_e	$(9.284832 \pm 0.000036) \times 10^{-24}\,\mathrm{J \cdot T^{-1}}$	$9.28 \times 10^{-24}\,\mathrm{J \cdot T^{-1}}$
质子磁矩	μ_p	$(1.4106171 \pm 0.0000055) \times 10^{-23}\,\mathrm{J \cdot T^{-1}}$	$1.41 \times 10^{-23}\,\mathrm{J \cdot T^{-1}}$
玻尔(Bohr)半径	α_0	$(5.2917706 \pm 0.0000044) \times 10^{-11}\,\mathrm{m}$	$5.29 \times 10^{-11}\,\mathrm{m}$
玻尔(Bohr)磁子	μ_B	$(9.274078 \pm 0.000036) \times 10^{-24}\,\mathrm{J \cdot T^{-1}}$	$9.27 \times 10^{-24}\,\mathrm{J \cdot T^{-1}}$
核磁子	μ_N	$(5.059824 \pm 0.000020) \times 10^{-27}\,\mathrm{J \cdot T^{-1}}$	$5.05 \times 10^{-27}\,\mathrm{J \cdot T^{-1}}$
普朗克(Planck)常量	h	$(6.626176 \pm 0.000036) \times 10^{-34}\,\mathrm{J \cdot s}$	$6.63 \times 10^{-34}\,\mathrm{J \cdot s}$
精细结构常数	a	$7.2973506(60) \times 10^{-3}$	
里德伯(Rydberg)常量	R	$1.097373177(83) \times 10^{7}\,\mathrm{m^{-1}}$	
电子康普顿(Compton)波长		$2.4263089(40) \times 10^{-12}\,\mathrm{m}$	
质子康普顿(Compton)波长		$1.3214099(22) \times 10^{-15}\,\mathrm{m}$	
质子电子质量比	$m_\mathrm{p}/m_\mathrm{e}$	1836.1515	

附录 4　常用物理量与基本量纲换算表

附表 6　常用物理量与基本量纲换算表

物理量		单位名称	单位代号		备注
名称	代号		中文	国际	
速度	v	米每秒	米/秒	m / s	
加速度	a	米每秒平方	米/秒 ^{2}	m / s^2	
转速	n	1 每秒	1/秒	1 / s	
角速度	ω	弧度每秒	弧度/秒	rad / s	
力	F	牛顿	牛	N	
比重	R	牛顿每立方米	牛/米 ^{3}	N / m^3	
密度	ρ	千克每立方米	千克/米 ^{3}	kg / m^3	1 g / cm^3 = 1 t / m^3
力矩	M	牛顿米	牛 · 米	N · m	
动量	P	千克米每秒	千克 · 米/秒	kg · m/s	
冲量	I	牛顿秒	牛 · 秒	N · s	1 N · s=1 kg · m/s
功	W	焦耳	焦	J	1 J=1 N · m
能	E	焦耳	焦	J	
功率	P	瓦特	瓦	W	1 W = 1 J / s
压强	p	帕斯卡	帕	Pa	1 Pa = 1 N / m^2 1 大气压=76 厘米汞柱
频率	f,v	赫兹	赫	Hz	1 Hz = 1 s^{-1}
摄氏温度	t	摄氏度	度	°C	
热量	Q	焦耳	焦	J	热功当量为 4.18 焦耳/卡
热容量	C	焦耳每开尔文	焦/开	J / K	
比热	c	焦耳每千克开尔文	焦/千克 · 开	J / (kg·K)	
电量	Q	库仑	库	C	
电场强度	E	伏特每米	伏/米	V / m	1 V / m = 1N / C
电压	U,V	伏特	伏	V	1 V = 1 W / A
电阻	R	欧姆	欧	Ω	
电阻率	ρ	欧姆 · 米	欧 · 米	Ω · m	
电容	C	法拉	法	F	

续表

物理量		单位名称	单位代号		备注
名称	代号		中文	国际	
磁感应强度	B	特斯拉	特	T	
磁通量	Φ	韦伯	韦	Wb	1Wb=1 V · s
电感	L	亨利	亨	H	1 H =1 Wb / A

附录 5　数值修约规则与极限数值的表示和判定

(GB/T 8170-2008)(部分)

数值修约规则与极限数值的表示和判定

1. 范围

本标准规定了对数值进行修约的规则、数值极限数值的表示和判定方法，有关用语及其符号，以及将测定值或其计算值与标准规定的极限数值作比较的方法.

本标准适用于科学技术与生产活动中测试和计算得出的各种数值. 当所得数值需要修约时，应按本标准给出的规则进行.

本标准适用于各种标准或其他技术规范的编写和对测试结果的判定.

2. 术语和定义

下列术语和定义适用于本标准.

2.1　数值修约　rounding off for numerical values

通过省略原数值的最后若干位数字，调整所保留的末位数字，使最后所得到的值最接近原数值的过程.

注：经数值修约后的数值称为(原数值的)修约值.

2.2　修约间隔　rounding interval

修约值的最小数值单位.

注：修约间隔的数值一经确定，修约值即为该数值的整数倍.

例 1：如指定修约间隔为 0.1，修约值应在 0.1 的整数倍中选取，相当于将数值修约到一位小数.

例 2：如指定修约间隔为 100(或 10^2)，修约值应在 100 的整数倍中选取，相当于将数值修约到“百”数位.

2.3　极限数值　limiting values

标准(或技术规范)中规定考核的以数量形式给出且符合该标准(或技术规范)要求的指标数值范围的界限值.

3. 数值修约规则

3.1　确定修约间隔

a)指定修约间隔为 10^{-n}(n 为正整数)，或指明将数值修约到 n 位小数；

b)指定修约间隔为 1，或指明将数值修约到“个”数位；

c)指定修约间隔为 10^n(n 为正整数)，或指明将数值修约到 10^n 数位，或指明将数值修约到“十”、“百”、“千”……数位.

3.2 进舍规则

3.2.1 拟舍弃数字的最左一位数字小于5，则舍去，保留其余各位数字不变.

例：将12.149 8修约到个数位，得12；将12.149 8修约到一位小数，得12.1.

3.2.2 拟舍弃数字的最左一位数字大于5，则进一，即保留数字的末位数字加1.

例：将1268修约到“百”数位，得13×10^2(特定场合可写为1300).

注：本标准示例中，“特定场合”系指修约间隔明确时.

3.2.3 拟舍弃数字的最左一位数字为5，且其后有非0数字时进一，即保留数字的末位数字加1.

例：将10.500 2修约到个数位，得11.

3.2.4 拟舍弃数字的最左一位数字为5，且其后无数字或皆为0时，若所保留的末位数字为奇数(1，3，5，7，9)则进一，即保留数字的末位数字加1；若所保留的末位数字为偶数(0，2，4，6，8)，则舍去.

例1：修约间隔为0.1(或10^{-1})

拟修约数值	修约值
1.050	10×10^{-1}(特定场合可写成为1.0)
0.35	4×10^{-1}(特定场合可写成为0.4)

例2：修约间隔为1 000(或10^2)

拟修约数值	修约值
2 500	2×10^3(特定场合可写成为2 000)
3 500	4×10^3(特定场合可写成为4 000)

3.2.5 负数修约时，先将它的绝对值按3.2.1～3.2.4的规定进行修约，然后在所得值前面加上负号.

例1：将下列数学修约到“十”数位：

拟修约数值	修约值
-355	-36×10(特定场合可写为-360)
-325	-32×10(特定场合可写为-320)

例2：将下列数字修约到三位小数，即修约间隔为10^{-3}：

拟修约数值	修约值
-0.035 5	-36×10^{-3}(特定场合可写为-0.036)

3.3 不允许连续修约

3.3.1 拟修约数字应在确定修约间隔或指定修约数位后一次修约获得结果，不得多次按3.2规则连续修约.

例1：修约97.46，修约间隔为1.

正确的做法：97.46→97；

不正确的做法：97.46→97.5→98.

例 2：修约 15.4546 修约间隔为 1.

正确的做法：15.454 6→15；

不正确的做法：15.454 6→15.455→15.46→15.5→16.

3.3.2　在具体实施中，有时测试与计算部门先将获得数值按指定的修约数位多一位或几位报出，而后由其他部门判定，为避免产生连续修约的错误，应按下述步骤进行.

3.3.2.1　报出数值最右的非零数字为 5 时，应在数值右上角加“+”或加“-”或不加符号，分别表明已进行过舍，进或未舍未进.

例：16.50^{+}表示实际值大于 16.50，经修约舍弃为 16.5^{0}；16.50^{0}表示实际值小于 16.50 经修约进一为 16.50.

3.3.2.2　如对报出值需进行修约，当拟舍弃数字的最左一位数字为 5，且其后无数字或皆为零时，数值右上角有“+”者进一，有“－”者舍去，其他仍按 3.2 的规定进行.

例 1：将下列数字修约到个数位(报出值多留一位至一位小数).

实测值	报出值	修约值
15.454 6	15.5^{-}	15
−15.454 6	-15.5^{-}	−15
16.520 3	16.5^{+}	17
−16.520 3	-16.5^{+}	−17
17.500 0	17.5	18

3.4　0.5 单位修约与 0.2 单位修约

在对数值进行修约时，若有必要，也可采用 0.5 单位修约或 0.2 单位修约.

3.4.1　0.5 单位修约(半个单位修约)

0.5 单位修约是指按指定修约间隔对拟修约的数值 0.5 单位进行的修约.

0.5 单位修约方法如下：将拟修约数值 X 乘以 2，按指定修约间隔对 $2X$ 依 3.2 的规定修约，所得数值($2X$ 修约值)再除以 2.

例：将下列数字修约到“个”数位的 0.5 单位修约.

拟修约数值 X	$2X$	$2X$ 修约值	X 修约值
60.25	120.50	120	60.0
60.38	120.76	121	60.5
60.28	120.56	121	60.5
−60.75	−121.50	−122	−61.0

3.4.2　0.2 单位修约

0.2 单位修约是指按指定修约间隔对拟修约的数值 0.2 单位进行的修约.

0.2 单位修约方法如下：将拟修约数值 X 乘以 5，按指定修约间隔对 $5X$ 依 3.2 的规定修约，所得数值($5X$ 修约值)再除以 5.

例：将下列数字修约到“百”数位的 0.2 单位修约

拟修约数值 X	$5X$	$5X$ 修约值	X 修约值
830	415 0	420 0	840
842	421 0	420 0	840
832	416 0	420 0	840
-930	-465 0	-460 0	-920

4. 极限数值的表示和判定

4.1 书写极限数值的一般原则

4.1.1 标准(或其他技术规范)中规定考核的以数量形式给出的指标或参数等，应当规定极限数值. 极限数值表示符合该标准要求的数值范围的界限值，它通过给出最小极限值和(或)最大极限值，或给出基本数值与极限偏值等方式表达.

4.1.2 标准中极限数值的表示形式及书写位数应适当，其有效数字应全部写出，书写位数表示的精确程度，应能保证产品或其他标准化对象应有的性能和质量.

4.2 表示极限数值的用语

4.2.1 基本用语

4.2.1.1 表达极限数值的基本用语及符号见附表 7.

附表 7 表达极限数值的基本用语及符号

基本用语	符号	特定情形下的基本用语			注
大于 A	$>A$		多于 A	高于 A	测定值或计算值恰好为 A 值时不符合要求
小于 A	$<A$	不小于 A	少于 A	低于 A	测定值或计算值恰好为 A 值时不符合要求
大于或等于 A	$\geqslant A$		不少于 A	不低于 A	测定值或计算值恰好为 A 值时符合要求
小于或等于 A	$\leqslant A$	不大于 A	不多于 A	不高于 A	测定值或计算值恰好为 A 值时符合要求

注 1：A 为极限数值.

注 2：允许采用以下习惯用语表达极限数值；

a)“超过 A”，指数值大于 $A(>A)$；

b)“不足 A”，指数值不于 $A(<A)$；

c)“A 及以上”或“至少 A”，指数值大于或等于 $A(\geqslant A)$

d)“A 及以下”或“至多 A”，指数值小于或等于 $A(\leqslant A)$.

例 1：钢中磷的残量$<0.035\%$，$A=0.035\%$.

例 2：钢丝绳抗拉强度$\geqslant 22\times 10^2$(MPa)，$A=22\times 10^2$(MPa).

4.2.1.2 基本用语可以组合使用，表示极限值范围.

对特定的考核指标 X，允许采用下列用语和符号(见附表 8). 同一标准中一般只应使用一种符号表示方式.

附表 8　对特定的考核指标 X，允许采用的表达极限数值的组合用语及符号

组合基本用语	组合允许用语	符号		
		表示方式Ⅰ	表示方式Ⅱ	表示方式Ⅲ
大于或等于 A 且小于或等于 B	从 A 到 B	$A \leqslant X \leqslant B$	$A \leqslant \cdot \leqslant B$	$A \sim B$
大于 A 且小于或等于 B	超过 A 到 B	$A < X \leqslant B$	$A < \cdot \leqslant B$	$> A \sim B$
大于或等于 A 且小于 B	至少 A 不足 B	$A \leqslant X < B$	$A \leqslant \cdot < B$	$A \sim < B$
大于 A 且小于 B	超过 A 不足 B	$A < X < B$	$A < \cdot < B$	

4.2.2　带有极限偏差值的数值

4.2.2.1　基本数值 A 带有绝对极限上偏差值 $+b_1$ 和绝对极限下偏差值 $-b_2$，指从 A$-b_2$ 到 A$+b_1$ 符合要求，记为 $A_{-b_2}^{+b_1}$.

注：当 $b_1=b_2=b$ 时，$A_{-b_2}^{+b_1}$ 可简记为 $A \pm b$.

例：80_{-1}^{+2} mm，指从 79 mm 到 82 mm 符合要求.

4.2.2.2　基本数值 A 带有相对极限上偏差值 $+b_1\%$ 和相对极限下偏差值 $-b_2\%$，指实测值或其计算值 R 对于 A 的相对偏差值 $[(R-A)/A]$ 从 $-b_2\%$ 到 $+b_1\%$ 符合要求，记为 $A_{-b_2}^{+b_1}\%$.

注：当 $b_1=b_2=b$ 时，$A_{-b_2}^{+b_1}\%$ 可记为 $A(1 \pm b\%)$.

例：510 Ω (1 ± 5%)，指实测值或其计算值 $R(\Omega)$ 对于 510 Ω 的相对偏差值 $[(R-510)/510]$ 从 -5% 到 $+5\%$ 符合要求.

4.2.2.3　对基本数值 A，若极限上偏差值 $+b_1$ 和(或)极限下偏差值 $-b_2$ 使得 $A+b_1$ 和(或) $A-b_2$ 不符合要求，则应附加括号，写成 $A_{-b_2}^{+b_1}$ (不含 b_1 和 b_2) 或 $A_{-b_2}^{+b_1}$ (不含 b_1)、$A_{-b_2}^{+b_1}$ (不含 b_2).

例 1：80_{-1}^{+2} (不含 2) mm，指从 79 mm 到接近但不足 82 mm 符合要求.

例 2：510 Ω (1 ± 5%) (不含 5%)，指实测值或其计算值 $R(\Omega)$ 对于 510 Ω 的相对偏差值 $[(R-510)/510]$ 从 -5% 到接近但不足 $+5\%$ 符合要求.

4.3　测定值或其计算值与标准规定的极限数值作比较的方法

4.3.1　总则

4.3.1.1　在判定测定值或其计算值是否符合标准要求时，应将测试所得的测定值或其计算值与标准规定的极限数值作比较，比较的方法可采用：

a)全数值比较法；

b)修约值比较法.

4.3.1.2　当标准或有关文件中，若对极限数值(包括带有极限偏差值的数值)无特殊规定时，均应使用全数值比较法. 如规定采用修约值比较法，应在标准中加以说明

4.3.1.3　若标准或有关文件规定了使用一种比较方法时，一经确定，不得改动.

4.3.2　全数值比较法

将测试所得的测定值或计算不经修约处理(或虽经修约处理，但应标明它是经舍、进或未进未舍而得)，用该数值与规定的极限数值作比较，只要超出极限数值规定的范围(不论超出程度大小)，都判定为不符合要求. 示例见表 3.

4.3.3　修约值比较法

4.3.3.1　将测定值或其计算值进行修约，修约数位应与规定的极限数值数位一致.

当测试或其计算精度允许时，应先将获得的数值按指定的修约数位多一位或几位报出，然后按 3. 2 的程度修约至规定的数位.

4. 3. 3. 2 将修约后的数值与规定的极限数值进行比较，只要超出极限数值规定的范围(不论超出程度大小)，都判定为不符合要求，示例见附表 9.

附表 9 全数值比较法和修约值比较法的示例与比较

项目	检限数值	测定值或其计算值	按全数值比较是滞符合要求	修约值	按修约值比较是否符合要求
中碳钢 抗拉强度/MPa	≥14×100	1 349	不符合	13×100	不符合
		1 351	不符合	14×100	符合
		1 400	符合	14×100	符合
		1 402	符合	14×100	符合
NaOH 的质量分数 /%	≥97. 0	97. 01	符合	97. 0	符合
		97. 00	符合	97. 0	符合
		96. 96	不符合	97. 0	符合
		96. 54	不符合	96. 9	不符合
中碳钢的硅的质量 分数/%	≤0. 5	0. 452	符合	0. 5	符合
		0. 500	符合	05	符合
		0. 549	不符合	0. 5	符合
		0. 551	不符合	0. 6	不符合
中碳钢的锰的质量 分数/%	1. 2～1. 6	1. 151	不符合	1. 2	符合
		1. 200	符合	1. 2	符合
		1. 649	不符合	1. 6	符合
		1. 651	不符合	1. 7	不符合
盘条直径/mm	10. 0 ± 0. 1	9. 89	不符合	9. 9	符合
		9. 85	不符合	9. 8	不符合
		10. 10	符合	10. 1	符合
		10. 16	不符合	10. 2	不符合
盘条直径/mm	10. 0 ± 0. 1 (不含 0. 1)	9. 94	符合	9. 9	不符合
		9. 96	符合	10. 0	符合
		10. 05	符合	10. 1	不符合
		10. 05	符合	10. 0	符合
盘条直径/mm	10. 0 ± 0. 1 (不含+0. 1)	9. 94	符合	9. 9	符合
		9. 86	不符合	9. 9	符合
		10. 06	符合	10. 1	不符合
		10. 05	符合	10. 0	符合
盘条直径/mm	10. 0 ± 0. 1 (不含-0. 1)	9. 94	符合	9. 9	不符合
		9. 86	不符合	9. 9	不符合
		10. 06	符合	10. 1	符合
		10. 05	符合	10. 0	符合

注：表中的例并不表明这类极限数值都应采用全数值比较法或修约值比较法.

4.3.4 两种判定方法的比较

对测定值或其计算值与规定的极限数值在不同情形用全数值比较法和修约值比较法的比较结果的示例见表 3. 对同样的极限数值，若它本身符合要求，则全数值比较法比修约值比较法相对较严格.

附录6　C程序计算平均值、绝对误差、相对误差的通用计算程序

1. 多次测量的平均值、A类不确定度计算程序

对一物理量x进行多次测量，得到x_1，x_2，…，x_n(n为测量次数).

本程序可以用来计算其平均值、A类不确定度和相对误差．以下程序在Visual C++6.0软件调试环境下调试通过：

```
/* 程序从下面开始*/
#include<stdio.h>
#include<math.h>
/*计算平均值、相对误差和A类不确定度(标准误差)，只限于100组数据之内*/
void main()
{
 int n，i;
 float s=0，juedui=0，average，a[101];
 printf("数据组数n(不超过100)：");
 scanf("%d"，&n);
 for(i=1; i<=n; i++)
 {printf("请输入第%d个数"，i);
 scanf("%f"，&a[i]);
}
 for(i=1; i<=n; i++)
     s=s+a[i];
 average=s/n;
 printf("平均值=%f\n"，average);


s=0;
 for(i=1; i<=n; i++)
     s=s+(a[i]-average)*(a[i]-average);
     s=sqrt(s/(n-1));
     printf("A类不确定度为： %.5f\n"，s);
s=0;
for(i=1; i<=n; i++)
   juedui=juedui+fabs(a[i]-average);
printf("算术平均值=%f\n"，juedui);
```

```
printf("相对误差=%f%%\n", juedui/average*100);
}
/* 程序到此结束*/
```

2. 逐差法计算平均值

当两物理量呈简单线性关系时，为了提高测量的精确度，也需要进行多次测量. 在计算其逐次测量值之差时需用逐差法，输出结果为相邻两个数差值的平均值.

以下程序在 Visual C++环境下调试通过.

```
/* 程序从下面开始*/
#include<math.h>
#include<stdio.h>
/*用逐差法计算平均值*/
void main()
{ int num, i, half;
  float sum=0, average, a[101];
  printf("数据组数 n(应为偶数，若不是，请删除一组数据后再输入)");
  scanf("%d", &num);
  for(i=1; i<=num; i++)
{
    printf("请输入第%d 个数", i);
    scanf("%f", &a[i]);
}
  half=num/2;
  for(i=1; i<=half; i++)
       sum=sum+a[i+half]-a[i];
  average=sum/(half*half);
  printf("其平均值为： %f", average);
}
/* 程序到此结束*/
```

3. 最小二乘法程序

对具有线性关系的一对物理量 x、y，作出一系列测量值 x_i、y_i(i=1，2，…，n)，用最小乘法求其“最佳”线性方程 $y=kx+b$ 的参数 k、b. 以下程序在 Visual C++环境下调试通过.

```
/* 程序从下面开始*/
#include<math.h>
#include<stdio.h>
   /*用最小二乘法进行线性拟合*/
void main()
{   int num, i;
    float b, k, average_x=0, average_y=0, aver2_x=0, average_xy=0, x[101], y[101];
    printf("数据组数 n(不超过 100 组) ");
    scanf("%d", &num);
```

```
for(i=1; i<=num; i++)
{
    printf("请输入第%d个自变量x%d的值", i, i);
    scanf("%f", &x[i]);
}
for(i=1; i<=num; i++)
{
    printf("请输入第%d个应变量y%d的值", i, i);
    scanf("%f", &y[i]);
}
for(i=1; i<=num; i++)
    average_x=average_x+x[i];
average_x=average_x/num;
for(i=1; i<=num; i++)
    average_y=average_y+y[i];
average_y=average_y/num;
for(i=1; i<=num; i++)
    aver2_x=aver2_x+x[i]*x[i];
aver2_x=aver2_x/num;
for(i=1; i<=num; i++)
    average_xy=average_xy+x[i]*y[i];
average_xy=average_xy/num;
k=(average_x*average_y-average_xy)/(average_x*average_x-aver2_x);
b=average_y-k*average_x;
printf("x的平均值= %f\n", average_x);
printf("y的平均值= %f\n", average_y);
printf("x*y的平均值= %f\n", average_xy);
printf("x平方的平均值= %f\n", aver2_x);
printf("自变量x的值为");
for(i=1; i<=num; i++)
    printf("%f, ", x[i]);
    printf("\n应变量y的值为");
for(i=1; i<=num; i++)
    printf("%f, ", y[i]);
printf("\n计算结果: 斜率k= %f\n", k);
printf("\n计算结果: 截距b= %f\n", b);
}
/* 程序到此结束*/
```

附录 7　诺贝尔物理学奖与物理实验

附表 10　诺贝尔物理学奖

年份	获奖者	国籍	获奖原因
1901	W.K.伦琴	德国	发现 X 射线
1902	H.A.洛伦兹 P.塞曼	荷兰 荷兰	对辐射的磁效应的研究
1903	A.H.贝克勒尔 P.居里 M.居里	法国 法国 法籍波兰人	自发放射性的发现 对 A.H.贝克勒尔发现的辐射现象的研究
1904	瑞利	法国	对一些很重要的气体的研究，并在此项研究中发现了氩气
1905	P.勒纳	德籍匈牙利人	阴极射线的工作
1906	J.J.汤姆孙	英国	对气体导电的理论和实验研究
1907	A.A.迈克耳孙	美籍普鲁士人	光学精密仪器，并利用它们所做的光谱学和计量学的研究
1908	G.李普曼	法国	创造了在干涉现象期基础上的彩色照相方法
1909	G.马可尼 C.F.布劳恩	意大利 德国	对无线电报的研制
1910	J.D.范德瓦耳斯	荷兰	气体和液体状态方程的工作
1911	W.维恩	德国	发现有关热辐射的定律
1912	N.G.达伦	瑞典	发明与气体贮存器一起使用的点燃灯塔和浮标的自动调节器
1913	H.开默林-昂内斯	荷兰	对低温下物质性质的研究以及由此制成的液态氦
1914	M.von 劳厄	德国	发现晶体中伦琴射线衍射
1915	W.H.布嘞格 W.L.布嘞格	英国	用 X 射线对晶体结构的研究
1916	没有发奖		
1917	G.G.巴克拉	英国	对元素标识伦琴射线的发现
1918	M.普朗克	德国	发现能量子(量子理论)，并据此对物理学进展所作的贡献
1919	J.斯塔克	德国	发现极隧射线的多普勒效应以及光谱线在电场中的劈裂
1920	C.E.纪尧姆	瑞士	发现镍合金钢的反常现象及其在精密物理学中的重要性
1921	A.爱因斯坦	瑞士美籍德国人	数学物理方面的成就，特别是发现光电效应定律
1922	N.玻尔	丹麦	研究原子结构和原子辐射
1923	R.A.密立根	美国	在电的基本电荷和光电效应方面的工作
1924	K.M.G.西格班	瑞典	在 X 射线谱方面的发现和研究

续表

年份	获奖者	国籍	获奖原因
1925	J.弗兰克 G.L.赫兹	德国	发现电子同原子碰撞规律
1926	J.B.佩兰	法国	物质结构不连续性，特别是发现沉积平衡的工作
1927	A.H.康普顿 G.T.R.威尔孙	美国 英国	发现康普顿效应，发明通过蒸汽的凝结使带电粒子的径迹变为可见的方法
1928	O.W.里查孙	英国	在热离子方面的工作，特别是发现里查孙定律
1929	L.V.德布罗意	法国	发现电子的波动性
1930	C.V.拉曼	印度	研究光的散射并发现拉曼效应
1931	没有发奖		
1932	W.海森伯	德国	创立量子力学，并导致氢的同素异形的发现
1933	E.薛定谔 P.A.M.狄拉克	奥地利 英国	量子力学的广泛发展 量子力学的广泛发展，并预言正电子的存在
1934			
1935	J.查德威克	英国	发现中子
1936	V.F 赫斯 C.D.安德森	奥地利 美国	发现宇宙射线 发现正电子
1937	J.P.汤姆孙 C.J.戴维孙	英国 美国	通过实验发现受电子照射的晶体中的干涉现象 通过实验发现晶体对电子的衍射作用
1938	E.费米	美籍意大利人	用中子辐照的方法产生新放射性元素和在该研究中发现慢中子引起的核反应
1939	F.O.劳伦斯	美国	发明和发展了回旋加速器以及利用它所取得的成果，特别是有关人工放射性元素的研究
1940	没有发奖		
1941	没有发奖		
1942	没有发奖		
1943	O.斯特恩	美籍德国人	发展分子射线(分子束)方法的贡献和测定质子磁矩
1944	I.I.拉比	美籍奥地利人	用共振方法记录原子核的磁性
1945	W.泡利	美籍奥地利人	发现泡利不相容原理
1946	P.W.布里奇曼	美国	发明获得高压的设备及在高压物理领域内的许多发现，并创立了高压物理
1947	E.V.阿普顿	英国	对高层大气物理学的研究，特别是发现电离层中反射无线电波的阿普顿层
1948	P.M.S.布莱克特	英国	改进威尔孙云雾室及在核物理和宇宙线方面的发现
1949	汤川秀树	日本	在核力理论的基础上用数学方法预见介子的存在
1950	C.F.鲍威尔	英国	研制出核乳胶照像法并用它发现介子

续表

年份	获奖者	国籍	获奖原因
1951	J.D.科克罗夫特 E.T.S.瓦尔顿	英国 爱尔兰	首先利用人工所加速的粒子开展原子核 嬗变的先驱性研究
1952	E.M.珀塞尔 F.布洛赫	美国 美国	核磁精密测量新方法的发展及有关发现
1953	F.塞尔尼克	荷兰	论证相衬法，特别是研制相衬显微镜
1954	M.玻恩 W.W.G.玻特	英籍德国人 德国	对量子力学的基础研究，特别是量子力学中波函数的统计解释 符合法的提出及由此导出的发现；分析宇宙辐射
1955	P.库什 W.E.拉姆	美国 美国德国人	精密测定电子磁矩 发现氢光谱的精细结构
1956	W.肖克莱 W.H.布拉顿 J.巴丁	美国 美国 美国	研究半导体并发现晶体管效应
1957	李政道 杨振宁	美籍华人 美籍华人	否定弱相互作用下宇称守恒定律，使基本粒子研究获重大发现
1958	P.A.切连柯夫 I.M.弗兰克 I.Y.塔姆	苏联 苏联 苏联	发现并解释切连柯夫效应(高速带电粒子在透明物质中传递时放出蓝光的现象)
1959	E.萨克雷 O.张伯伦	美籍意大利人 美国	发现反质子
1960	D.A.格拉塞尔	美国	发明气泡室
1961	R.霍夫斯塔特 R.L.穆斯堡	美国 联邦德国	由高能电子散射研究原子核的结构 研究r射线的无反冲共振吸收和发现穆斯堡效应
1962	L.D.朗道	苏联	研究凝聚态物质的理论，特别是液氦的研究
1963	E.P.维格纳 M.G.迈耶 J.H.D.詹森	美籍匈牙利人 美国德国人 联邦德国	原子核和基本粒子理论的研究，特别是发现和应用对称性基本原理方面的贡献 发现原子核结构壳层模型理论，成功地解释原子核的长周期和其他幻数性质的问题
1964	C.H.汤斯 N.G.巴索夫 A.M.普洛霍罗夫	美国 苏联 苏联	在量子电子学领域中的基础研究导致了根据微波激射器和激光器的原理构成振荡器和放大器 用于产生激光光束的振荡器和放大器的研究工作 在量子电子学中的研究工作导致微波激射器和激光器的制作
1965	R.P.费曼 J.S.施温格 朝永振一郎	美国 美国 日本	对基本粒子物理学有深远意义的量子电动力学的研究
1966	A.卡斯特莱	法国	发现并发展了研究原子中核磁共振的光学方法
1967	H.A.贝特	美籍德国人	恒星能量产生方面的理论
1968	L.W.阿尔瓦雷斯	美国	对基本粒子物理学的决定性的贡献，特别是通过发展氢气泡室和数据分析技术而发现许多共振态
1969	M.盖尔曼	美国	关于基本粒子的分类和相互作用的发现，提出“夸克”粒子理论

续表

年份	获奖者	国籍	获奖原因
1970	H.O.G.阿尔文 L.E.F.尼尔	瑞典 法国	磁流体力学的基础研究和发现，并在等离子体物理中得到广泛应用 反铁磁性和铁氧体磁性的基本研究和发现，这在固体物理中具有重要的应用
1971	D.加波	英籍匈牙利人	全息摄影术的发明及发展
1972	J.巴丁 L.N.库珀 J.R.斯莱弗	美国 美国 美国	提出通称BCS理论的超导微观理论
1973	B.D.约瑟夫森 江崎岭于奈 I.迦埃弗	英国 日本 美籍挪威人	关于固体中隧道现象的发现，从理论上预言了超导电流能够通过隧道阻挡层(即约瑟夫森效应) 从实验上发现半导体中的隧道效应 从实验上发现超导体中的隧道效应
1974	M.赖尔 A.赫威期	英国 英国	研究射电天文学，尤其是孔径综合技术方面的创造与发展 射电天文学方面的先驱性研究，在发现脉冲星方面起决定性角色
1975	A.N.玻尔 B.R.莫特尔孙 L.J.雷恩瓦特	丹麦 丹麦籍美国人 美国	发现原子核中集体运动与粒子运动之间的联系，并在此基础上发展了原子核结构理论 原子核内部结构的研究工作
1976	丁肇中 B.里克特	美籍华人 美国	分别独立地发现了新粒子J/Ψ，其质量约为质子质量的3倍，寿命比共振态的寿命长上万倍
1977	P.W.安德森 J.H.范弗莱克 N.F.莫特	美国 美国 英国	对晶态与非晶态固体的电子结构作了基本的理论研究，提出“固态”物理理论 对磁性与不规则系统的电子结构作了基本研究
1978	A.A.彭齐亚斯 R.W.威尔孙 P.L.卡皮查	美籍德国人 美国 苏联	3K宇宙微波背景的发现 建成液化氦的新装置，证实氦亚超流低温物理学
1979	S.L.格拉肖 S.温伯格 A.L.萨拉姆	美国 美国 巴基斯坦	建立弱电统一理论，特别是预言弱电流的存在
1980	J.W.克罗宁 V.L.菲奇	美国 美国	CP不对称性的发现
1981	N.布洛姆伯根 A.L.肖洛 K.M.瑟巴	美国荷兰人 美国 瑞典	激光光谱学与非线性光学的研究 高分辨电子能谱的研究
1982	K.威尔孙	美国	关于相变的临界现象理论的贡献
1983	S.钱德拉塞卡尔 W.福勒	美籍印度人 美国	恒星结构和演化方面的理论研究 宇宙间化学元素形成方面的核反应的理论研究和实验
1984	C.鲁比亚 S.范德梅尔	意大利 荷兰	对导致发现弱相互作用的传递者场粒子W和Z的大型工程的决定性贡献
1985	K.V.克利青	德国	发现固体物理中的量子霍尔效应

续表

年份	获奖者	国籍	获奖原因
1986	E.鲁斯卡 G.宾尼 H.罗雷尔	德国 德国 瑞士	电子物理领域的基础研究工作，设计出世界上第 1 架电子显微镜 设计出扫描式隧道效应显微镜
1987	J.G.柏诺兹 K.A.穆勒	美国 美国	发现新的超导材料
1988	L.M.莱德曼 M.施瓦茨 J.斯坦伯格	美国 美国 英国	从事中微子波束工作及通过发现 μ 介子中微子，从而对轻粒子对称结构进行论证
1989	N.F.拉姆齐 W.保罗 H.G.德梅尔特	美国 德国 美国	发明原子铯钟及提出氢微波激射技术 创造捕集原子的方法，以达到能极其精确地研究一个电子或离子
1990	J.杰罗姆 H.肯德尔 R.泰勒	美国 美国 加拿大	发现夸克存在的第一个实验证明
1991	P.G.德燃纳	法国	液晶基础研究
1992	J.夏帕克	法国	对粒子探测器特别是多丝正比室的发明和发展
1993	J.泰勒 L.赫尔斯	美国 美国	发现一对脉冲星，质量相当于两个太阳，而直径仅 10～30 km，故引力场极强，为引力波的存在提供了间接证据
1994	C.沙尔 B.布罗克豪斯	美国 加拿大	发展中子散射技术
1995	M.L.珀尔 F.雷恩斯	美国 美国	珀尔及其合作者发现了 τ 轻子，雷恩斯与 C.考温首次成功地观察到电子反中微子，它们在轻子研究方面的先驱性工作，为建立轻子-夸克层次上的物质结构图像做出了重大贡献
1996	戴维.李 奥谢罗夫 R.C.里查森	美国 美国 美国	发现氦-3 中的超流动性
1997	朱棣文 K.塔诺季 菲利浦斯	美籍华人 法国 美国	激光冷却和陷俘原子
1998	劳克林 斯特默 崔琦	美国 美国 美国	分数量子霍尔效应的发现
1999	H.霍夫特 M.韦尔特曼	荷兰 荷兰	阐明物理学中弱电相互作用的量子结构
2000	泽罗斯·阿尔费罗夫 赫伯特·克勒默 杰克·基尔比	俄罗斯 美国德国人 美国	通过发明快速晶体管、激光二极管和集成电路，为现代信息技术奠定了坚实基础
2001	凯特利 康奈尔 维曼	德国 美国 美国	在碱金属原子稀薄气体的玻色-爱因斯坦凝聚态以及凝聚态物质性质早期基本性质研究方面取得成就

续表

年份	获奖者	国籍	获奖原因
2002	雷蒙德·戴维斯 里卡尔多·贾科尼 小柴昌俊	美国 美国 日本	在天体物理学领域做出的先驱性贡献，获奖原因包括在探测宇宙中微子和发现宇宙 X 射线源方面的成就
2003	阿列克谢·阿布里科索夫 安东尼·莱格特 维塔利·金兹堡	美国 美国 俄罗斯	在超导体和超流体领域中做出的开创性工作
2004	戴维·格娄斯 戴维·普利泽 弗朗克·韦尔切克	美国 美国 美国	对量子场中夸克渐进自由的发现
2005	罗伊·格劳伯 约翰·霍尔 特奥多尔·亨施	美国 美国 德国	对光学相干的量子理论的贡献 对基于镭射的精密光谱学发展做出的贡献
2006	约翰·马瑟 乔治·斯穆特	美国 美国	发现了宇宙微波背景辐射的黑体形式和各向异性
2007	艾尔伯-费尔 皮特-克鲁伯格	法国 德国	因巨磁电阻方面的贡献获得诺贝尔物理学奖
2008	南部阳-郎 小林诚 利川敏英	美国 日本 日本	发现次原子物理的对称性自发破缺机制 发现对称性破缺的来源
2009	高琨 乔治-E-史密斯 博伊尔	中国香港 美国 美国	在光学通信领域中光的传输的开创性成就 发明了成像半导体电路——电荷耦合器件图像传感器 CCD
2010	安德烈·海姆 康斯坦丁·诺沃肖洛夫	英国 英国	研究二维材料石墨烯的开创性实验
2011	萨尔·波尔马特 布莱恩·施密特 亚当·里斯获	美国	发现宇宙的加速膨胀
2012	塞尔日·阿罗什 大卫·维因兰德	法国 美国	使得测量和操纵单个量子系统成为可能
2013	弗朗索瓦·恩格 彼得·希格斯	比利时 英国	描述了粒子物理学的标准模型
2014	赤崎勇、天野浩 中村修二	日本 美籍日裔	蓝色发光二极管
2015	梶田隆章 阿瑟·麦克唐纳	日本 加拿大	发现了中微子振荡
2016	戴维·索利斯 邓肯·霍尔丹 迈克尔·科斯特利茨	美国 美国 美国	在拓扑相变和拓扑相研究领域 做出的重要理论发现